本书由教育部人文社会科学重点研究基地
"科学技术哲学研究中心"基金
山西省优势重点学科基金
山西省高等学校哲学社会科学研究项目
"意义理论与模态形而上学
——语义学的二维主义解释模型研究"（2015215）
联合资助

山西大学
认知哲学丛书

魏屹东　主编

物理世界中的意识：
现象性质研究

陈敬坤/著

科学出版社
北京

图书在版编目（CIP）数据

物理世界中的意识：现象性质研究／陈敬坤著. —北京：科学出版社，2017.7

（认知哲学丛书／魏屹东主编）

ISBN 978-7-03-053245-9

Ⅰ.①物… Ⅱ.①陈… Ⅲ.①意识–研究 Ⅳ.①B842.7

中国版本图书馆CIP数据核字（2017）第125995号

丛书策划：侯俊琳 牛 玲
责任编辑：朱萍萍 刘巧巧／责任校对：何艳萍
责任印制：张欣秀／封面设计：无极书装
编辑部电话：010-64035853
E-mail:houjunlin@mail.sciencep.com

科学出版社出版
北京东黄城根北街16号
邮政编码：100717
http://www.sciencep.com

北京东华虎彩印刷有限公司 印刷
科学出版社发行 各地新华书店经销
*
2017年7月第 一 版 开本：720×1000 B5
2017年9月第二次印刷 印张：11 1/2
字数：195 000
定价：**68.00元**
（如有印装质量问题，我社负责调换）

丛书序

21世纪以来，在世界范围内兴起了一个新的哲学研究领域——认知哲学（philosophy of cognition）。认知哲学立足于哲学反思认知现象，既不是认知科学，也不是认知科学哲学、心理学哲学、心灵哲学、语言哲学和人工智能哲学的简单加合，而是在梳理、分析和整合各种以认知为研究对象的学科的基础上，立足于哲学（如语境实在论）反思、审视和探究认知的各种哲学问题的研究领域。认知哲学不是直接与认知现象发生联系，而是通过以认知现象为研究对象的各个学科与之发生联系。也就是说，它以认知概念为研究对象，如同科学哲学是以科学为对象而不是以自然为对象，因此它是一种"元研究"。

在这种意义上，认知哲学既要吸收各个相关学科的理论成果，又要有自己独特的研究域；既要分析与整合，又要解构与建构。它是一门旨在对认知这种极其复杂的心理与智能现象进行多学科、多视角、多维度整合研究的新兴研究领域。认知哲学的审视范围包括认知科学（认知心理学、计算机科学、脑科学）、人工智能、心灵哲学、认知逻辑、认知语言学、认知现象学、认知神经心理学、进化心理学、认知动力学、认知生态学等涉及认知现象的各个学科中的哲学问题，它涵盖和融合了自然科学和人文科学的不同分支学科。

认知哲学之所以是一个整合性的元哲学研究领域，主要基于以下理由：

第一，认知现象的复杂性，决定了认知哲学研究的整合性。认知现象既是复杂的心理与精神现象，同时也是复杂的社会与文化现象。这种复杂性特点必然要求认知科学是一门交叉性和综合性的学科。认知科学一般由三个核心分支学科（认知心理学、计算机科学、脑科学）和三个外围学科（哲学、人类学、语言学）构成。这些学科不仅构成了认知科学的内容，也形成了研究认知现象的不同进路。系统科学和动力学介入对认知现象的研究，如认知的动力论、感知的控制论和认知的复杂性研究，极大地推动了认知科学的发展。同时，不同学科之间也相互交融，形成新的探索认知现象的学科，如心理学与进化生物学交叉产生的进化心理学，认知科学与生态学结合形成的认知生态学，神经科学与认知心理学结合产生的认知神经心理学，认知科学与语言学交叉形成的认知语义学、认知语用学和认知词典学。这些新学科的产生增加了探讨认知现象的新进路，也说明对认知现象本质的揭示需要多学科的整合。

第二，认知现象的根源性，决定了认知哲学研究的历史性。认知哲学之所以能够产生，是因为认知现象不仅是心理学和脑科学研究的领域，也历来是哲学家们关注的焦点。这里我粗略地勾勒出一些哲学家的认知思想——奥卡姆（Ockham）的心理语言、莱布尼茨（G.W.Leibniz）的心理共鸣、笛卡儿（R.Descartes）的心智表征、休谟（D.Hume）的联想原则（相似、接近和因果关系）、康德（I.Kant）的概念发展、弗雷格（F.Frege）的思想与语言同构假定、塞尔（J.R.Searle）的中文屋假设、普特南（Hilary W. Putnam）的缸中之脑假设等。这些认知思想涉及信念形成、概念获得、心理表征、意向性、感受性、心身问题，这些问题与认知科学的基本问题（如智能的本质、计算表征的实质、智能机的意识化、常识知识问题等）密切相关，为认知科学基本问题的解决奠定了深厚的思想基础。可以肯定，这些认知思想是我们探讨认知现象的本质时不可或缺的思想宝库。

第三，认知科学的科学性和人文性，决定了认知哲学研究的融合性。认知科学本身很像哲学，事实上，认知科学的交叉性与综合性已经引发了科学哲学的"认知转向"，这在一定程度上从认知层次促进了自然科学与人文科学、科学主义与人文主义的融合。我认为，在认知层面，科学和人文是统一的，因为科学知识和人文知识都是人类认知的结果，认知就像树的躯干，科学和人文就像树的分枝。例如，对认知的运作机制及规律、表征方式、认知连贯性和推理模型的研究，势必涉及逻辑分析、语境分析、语言分析、认知历史分析、文化分析、心理分析、行为分析，这些方法的运用对于我们研究心灵与世界的关系将大有益处。

第四，认知现象研究的多学科交叉，决定了认知哲学研究的综合性。虽然认知过程的研究主要是认知心理学的认知发展研究、脑科学的认知生理机制研究、人工智能的计算机模拟，但是科学哲学的科学表征研究、科学知识社会学的"在线"式认知研究、心灵哲学的意识本质、意向性和心脑同一性的研究，也同样值得关注。因为认知心理学侧重心理过程，脑科学侧重生理过程，人工智能侧重机器模拟，而科学哲学侧重理性分析，科学知识社会学侧重社会建构，心灵哲学侧重形而上学思辨。这些不同学科的交叉将有助于认知现象的整体本质的揭示。

第五，认知现象形成的语境基底性，决定了认知哲学研究的元特性以及采取语境实在论立场的必然性。拉考夫（G.Lakoff）和约翰逊（M.Johnson）认为，心灵本质上是具身的，思维大多是无意识的，抽象概念大多是隐喻的。我认为，心理表征大多是非语言的（图像），认知前提大多是假设的，认知操作大多是建模的，认知推理大多是基于模型的，认知理解大多是语境化的。在人的世界中，一切都是语境化的。因此，立足语境实在论研究认知本身的意义、分类、预设、结构、隐喻、假设、模型及其内在关系等问题，就是一种必然选择，事实上，语境实在论在心理学、语言学和生态学中的广泛运用业已形成一种趋势。

需要指出的是，与"认知哲学"极其相似也极易混淆的是"认知的哲学"（cognitive philosophy）。在我看来，"认知的哲学"是关于认知科学领域所有论题的哲学探究，包括意识、行动者和伦理，最近关于思想记忆的论题开始出现，旨在帮助人们通过认知科学之透镜去思考他们的心理状态和他们的存在。在这个意义上，"认知的哲学"其实就是"认知科学哲学"，与"认知哲学"相似但还不相同。我们可以将"cognitive philosophy"译为"认知的哲学"，将"philosophy of cognition"译为"认知哲学"，以便将二者区别开来，就如同"scientific philosophy"（科学的哲学）和"philosophy of science"（科学哲学）有区别一样。"认知的哲学"是以认知（科学）的立场研究哲学，"认知哲学"是以哲学的立场研究认知，二者立场不同，对象不同，但不排除存在交叉和重叠。

如果说认知是人们如何思维，那么认知哲学就是研究人们思维过程中产生的各种哲学问题，具体包括以下十个基本问题。

（1）什么是认知，其预设是什么？认知的本原是什么？认知的分类有哪些？认知的认识论和方法论是什么？认知的统一基底是什么？有无无生命的认知？

（2）认知科学产生之前，哲学家是如何看待认知现象和思维的？他们的看法是合理的吗？认知科学的基本理论与当代心灵哲学范式是冲突的还是融合的？能否建立一个囊括不同学科的、统一的认知理论？

（3）认知是纯粹心理表征还是心智与外部世界相互作用的结果？无身的认知能否实现？或者说，离身的认知是否可能？

（4）认知表征是如何形成的？其本质是什么？有没有无表征的认知？

（5）意识是如何产生的？其本质和形成机制是什么？它是实在的还是非实

在的？有没有无意识的表征？

（6）人工智能机器是否能够像人一样思维？判断的标准是什么？如何在计算理论层次、脑的知识表征层次和计算机层次上联合实现？

（7）认知概念（如思维、注意、记忆、意象）的形成的机制和本质是什么？其哲学预设是什么？它们之间是否存在相互作用？心–身之间、心–脑之间、心–物之间、心–语之间、心–世之间是否存在相互作用？它们相互作用的机制是什么？

（8）语言的形成与认知能力的发展是什么关系？有没有无语言的认知？

（9）知识获得与智能发展是什么关系？知识是否能够促进智能的发展？

（10）人机交互的界面是什么？人机交互实现的机制是什么？仿生脑能否实现？

当然，在认知发展中无疑会有新的问题出现，因此认知哲学的研究域是开放的。

在认知哲学的框架下，本丛书将以上问题具体化为以下论题。

（1）最佳说明的认知推理模式。最佳说明的认知推理研究是科学解释学的一个重要内容，是关于非证明性推理中的一个重要类型，在法学、哲学、社会学、心理学、化学和天文学中都能找到这样的论证。除了在科学中有广泛应用外，最佳说明的认知推理也普遍存在于日常生活中，它已成为信念形成的一种基本方法。探讨这种推理的具体内涵与意义，对人们的观念形成以及理论方面的创新是非常有裨益的。

（2）人工智能的语境范式。在语境论视野下，将表征和计算作为人工智能研究的共同基础，用概念分析方法将表征和计算在人工智能中的含义与其在心灵哲学、认知心理学中的含义相区别，并在人工智能的符号主义、联结主义及行为主义这三个范式的具体语境中厘清这两个核心概念的具体含义及特征，从而使人工智能哲学与心灵哲学区别开来，并基于此建立人工智能的语境范式来说明智能的认知机制。

（3）后期维特根斯坦（L. Wittgenstein）的认知语境论。维特根斯坦作为20世纪的大哲学家，其认知思想非常丰富，且前后期有所不同。对前期维特根斯坦的研究大多侧重于其逻辑原子论，而对其后期的研究则侧重于语言哲学、现象学、美学的分析。从语言哲学、认知科学和科学知识社会学三方面来探讨后期维特根斯坦的认知语境思想，无疑是认知哲学研究的一个重要内容。

（4）智能机的自语境化认知。用语境论研究认知是回答以什么样的形式、基点或核心去重构认知哲学未来走向的一个重大问题。通过构建一个智能机自语境化模型,对心智、思维、行为等认知现象进行说明,表明将智能机自语境化认知作为出发点与落脚点,就是以人的自语境化认知过程为模板,用智能机来验证这种演化过程的一种研究策略。这种行为对行为的验证弥补了以往"操作模拟心灵"的缺陷,为解决物理属性与意识概念的不搭界问题提供了新思路。

（5）意识问题的哲学分析。意识是当今认知科学中的热点问题,也是心灵哲学中的难点问题。以当前意识研究的科学成果为基础,从意识的本质、意识的认知理论及意识研究的方法论三个方面出发,以语境分析方法为核心探讨意识认知现象中的哲学问题,提出了意识认知构架的语境模型,从而说明意识发生的语境发生根源。

（6）思想实验的认知机制。思想实验是科学创新的一个重要方法。什么是思想实验？它们怎样运作？在认知中起什么作用？这些问题需要从哲学上辨明。从理论上理清思想实验在哲学史、科学史与认知科学中的发展,有利于辨明什么是思想实验,什么不是思想实验,以及它们所蕴含的哲学意义和认知机制,从而凸显思想实验在不同领域中的作用。同时,借助思想实验的典型案例和认知科学家对这些思想实验的评论,构建基于思想实验的认知推理模型,这有利于在跨学科的层面上探讨认知语言学、脑科学、认知心理学、人工智能、心灵哲学中思想实验的认知机制。

（7）心智的非机械论。作为认知哲学研究的显学,计算表征主义的确将人类心智的探索带入一个新的境界。然而在机械论观念的束缚下,其"去语境化"和"还原主义"倾向无法得到遏制,因而屡遭质疑。因此,人们自然要追问：什么是更为恰当的心智研究方式？面对如此棘手的问题,从世界观、方法论和核心观念的维度,从"心智、语言和世界"整体认知层面,凸显新旧两种研究进路的分歧和对立,并在非机械论框架中寻求一个整合心智和意义的突破点,无疑具有重大意义。

（8）丹尼特（D.Dennett）的认知自然主义。作为著名的认知哲学家,丹尼特基于自然主义立场对心智和认知问题进行的研究,在认知乃至整个哲学领域都具有重大意义。从心智现象自然化的角度对丹尼特的认知哲学思想进行剖析,弄清丹尼特对意向现象进行自然主义阐释的方法和过程,说明自由意志的自然化是意识自然化和认知能力自然化的关键环节。

（9）意识的现象性质。意识在当代物理世界中的地位是当代认知哲学和心灵哲学中的核心问题。而意识的现象性质又是这一问题的核心,成为当代心灵哲学中物理主义与反物理主义争论的焦点。在这场争论中，物理主义很难坚持纯粹的物理主义一元论，因为物理学只谈论结构关系而不问内在本质。当这两个方面都和现象性质联系在一起时，物理主义和二元论都看到了希望，但作为微观经验的本质如何能构成宏观经验，又成了双方共同面临的难题。因此，考察现象性质如何导致了这样一系列问题的产生，并分析了意识问题可能的解决方案与出路，就具有重要意义了。

（10）认知动力主义的哲学问题。认知动力主义被认为是认知科学中区别于认知主义和联结主义的、有前途的一个研究范式。追踪认知动力主义的发展动向，通过比较，探讨它对于认知主义和联结主义的批判和超越，进而对表征与非表征问题、认知动力主义的环境与认知边界问题、认知动力主义与心灵因果性问题进行探讨，凸显了动力主义所涉及的复杂性哲学问题，这对于进一步弄清认知的动力机制是一种启示。

本丛书后续的论题还将对思维、记忆、表象、认知范畴、认知表征、认知情感、认知情景等开展研究。相信本丛书能够对认知哲学的发展做出应有的贡献。

魏屹东

2015 年 10 月 13 日

前　言

心灵哲学至少可以追溯到笛卡儿对心身关系问题的沉思。近400年来，这一问题似乎经历了从"离身"到"离心"（行为主义、心脑同一论），再到"具身"的发展和变化。所谓离身，是指笛卡儿的实体二元论使得心灵成为与物质性的身体完全不同的存在。用中世纪的术语来说，两者之间的区别是"实在的"区别，即不同实体的根本性区别，因而心灵完全可以脱离身体成为独立的研究对象。所谓离心，指的是心理主义不论是在现象学还是在分析哲学中都被广泛拒斥，再加上维特根斯坦特别是赖尔之后行为主义兴起以及20世纪五六十年代的心脑同一论的出现，使得"心灵"和很多其他形而上学概念一起被拒斥。这在某种程度上是由于第二次世界大战后计算机技术以及神经科学、生命科学等相关领域的飞速发展，传统的心身关系问题变成了意识与脑的关系问题。所谓具身（embodied），则代表了近年来身体回归的趋势，心灵、意识以及认知活动不再被认为是仅仅与大脑神经活动相关的东西，而被认为是包含了整个身体，甚至外部环境的复杂系统，这就是"4E+S"理论模型掀起的一股新浪潮。"4E"指的是具身认知、嵌入（embedded）认知、生成（enacted）认知和延展（extended）认知，"S"指的是情境（situated）认知。

显然，与身体的复归相伴随的是心灵和意识的祛魅，神经科学和认知科学以及其他相关领域的科学发现不断更新着人们对意识和心智现象的认知，也在不断蚕食着哲学研究的领域和对象，意识似乎不再是哲学研究的合理或合法对象。从深蓝到AlphaGo，人工智能更是在不断打击着人类对自身理智的骄傲。然而，一些哲学家仍然坚信，与意识相关的科学研究无论如何昌明，始终存在它无法解决的困难问题，即无法以第三人称方式研究的主观感受性的问题，也就是所谓意识的现象性质问题。按照查尔默斯的阐述，对于任何一个有待解释的对象，物理解释揭示的是物质的关系结构而不是物质的内在本质。也就是说，科学只能解决 How 的问题，而无法回答 What 的问题。这一考量成了具有二元论倾向的各种意识理论复兴的一个强大动力。

为了避免这一批评，同时能够解释现象性质的主观特性，物理主义者试图将本质的方面作为一种不同的物理属性纳入物理主义的整体框架中，这就使得作为本质的现象性质或元现象性质成为物理主义和二元论共同争夺的对象，同时也使得双方立场变得十分微妙，一元与二元、物理与心理的区分甚至成了没有实际意义的语词之争。

然而，按照查尔默斯对困难问题的描述，意识的困难问题就并非源于意识，而在于解释本身带来的困难，我们错误地设定了解释的目标，关于"是什么"的解释也必然陷入无穷倒退的尴尬之中。

尽管如此，现象意识仍然是一个引人入胜的难题，这一点毋庸置疑，看看近年来物理主义和反物理主义围绕它展开的旷日持久的争论就能管窥一二。我对这一问题的兴趣最初是由怪人（zombie）问题引发的，物理主义和反物理主义的激烈争论最初让我激动不已。然而，渐渐我发现，两者在现象性质方面的争夺也越来越陷入一种琐碎的语词之争，这时候，原本我觉得荒诞不经的副现象论忽然变得十分顺眼，它具有惊人的简洁性，既可以容纳物理主义，也可以容纳二元论的解释，至于因果性问题，为什么不能是我们的一种幻觉呢。本书试图对这些想法做一初步整理，虽然即将付梓，但内心仍是惴惴不安，深知很多问题的理解都还十分肤浅，分析和讨论也还不够深入，诚恳企盼诸位读者和专家不吝指正。

本书的写作和相关研究受到以下基金项目的支持：国家社会科学基金青年项目"二维语义学及相关问题研究"（11CZX043）、山西省高等学校哲学社会科学研究项目"意义理论与模态形而上学——语义学的二维主义解释模型研究"（2015215）。本书的出版还受到教育部人文社会科学重点研究基地"科学技术哲学研究中心"基金和山西省优势重点学科基金的资助，在此一并致谢！

陈敬坤

2017 年 6 月

目 录

丛书序 ·· i
前言 ·· vii

绪论 ·· 1

第一章 物理主义与现象性质 ·· 9
第一节 物理主义的兴起 ·· 10
一、从方法到本体论世界观 ······································ 11
二、经典物理主义的意识理论 ···································· 21
第二节 经典物理主义的核心论题 ·································· 24
一、随附性论题：最小物理主义 ·································· 24
二、因果排他论题：物理主义的经验论证 ·························· 27
三、结构性论题：物理世界的构成 ································ 29
第三节 经典物理主义的内部争论 ·································· 32
一、还原还是非还原 ·· 32
二、先天可知还是后天可知 ······································ 35

第二章　基于现象性质的反物理主义论证 ································· 37
第一节　现象性质与意识的困难问题 ································· 37
　　一、现象性质的两种表述 ··· 38
　　二、现象性质的实在论 ··· 40
　　三、意识的困难问题及其实质 ····································· 42
第二节　反物理主义论证的几种形式 ································· 44
　　一、解释鸿沟论证：有待解释的现象性质 ··························· 45
　　二、知识论证：现象知识不同于物理知识 ··························· 46
　　三、模态论证：现象性质的直接同一性 ····························· 48
第三节　现象性质的缺失：怪人假设的威胁 ··························· 51
　　一、怪人假设的提出 ··· 51
　　二、怪人的可能性问题 ··· 57
　　三、怪人假设与功能主义 ··· 60
　　四、怪人假设与副现象论 ··· 63

第三章　现象性质的二维语义论证 ··································· 67
第一节　二维语义论证 ··· 67
　　一、万能的"可设想性"论证 ······································· 67
　　二、传统可设想性论证及其困难 ··································· 69
　　三、可设想性与可能性 ··· 72
　　四、二维语义学及其核心主张 ····································· 74
　　五、二维语义论证的基本框架 ····································· 77
第二节　二维语义论证的缺陷 ······································· 81
　　一、二维语义论证的逻辑困境 ····································· 82
　　二、二维语义学的语义困境 ······································· 86
　　三、二维语义论证的模态困境 ····································· 90
第三节　二维语义论证的二元论结论 ································· 94

一、查尔默斯的泛元心论构想…………………………………95
　　二、物理主义蕴涵泛心论吗…………………………………97

第四章　现象概念策略与物理概念的修正……………………100
第一节　现象概念策略与万能论证…………………………100
　　一、不同形式的现象概念策略………………………………101
　　二、查尔默斯反对现象概念策略的万能论证………………103
第二节　物理概念的修正……………………………………104
　　一、经典物理主义的物理定义………………………………104
　　二、严格蕴涵与最小物理主义………………………………107
　　三、新的物理概念：作为内在本质…………………………108
第三节　现象性质的再考察…………………………………110
　　一、现象性质的渊源：经验与所予…………………………111
　　二、作为所予属性的现象性质………………………………114

第五章　现象性质与新二元论…………………………………117
第一节　语词之争：现象性质的一元论与二元论…………117
　　一、本质是物理属性还是现象属性…………………………117
　　二、现象属性与物理属性的关系……………………………119
第二节　泛心论的再考察……………………………………121
　　一、罗素式与非罗素式泛心论………………………………121
　　二、构成性与非构成性泛心论………………………………122
　　三、组合问题的挑战…………………………………………124
第三节　副现象论的再考察…………………………………127
　　一、自动机与早期副现象论…………………………………128
　　二、副现象论的发展…………………………………………132
第四节　知识论证与副现象论………………………………135
　　一、不一致性反驳……………………………………………136

二、传统的知识因果理论及其困难 ……………………………… 139
三、现象知识的因果理论 ………………………………………… 142
第五节 副现象论的可能 …………………………………………… 144
一、因果解释与戴维森的启示 …………………………………… 145
二、认知神经科学的启示 ………………………………………… 148

结束语 ……………………………………………………………… 151

参考文献 …………………………………………………………… 154

绪论

心身问题一直是一个悬而未决又最令人困惑的问题。一方面，人是生物有机体。他们的身体是物质实体，因此服从自然律。但另一方面，人类具有心灵，他们是理性的，有情感和情绪，对周围世界能产生主观看法。乍看之下，心与身涉及不同的形而上学本质，人的内在精神生活似乎与物理世界的确定性格格不入。但两者的交互作用似乎又是极明显的事实。如果的确存在这种交互作用，那么这种作用是如何产生的？如果心灵和意识也是某种物理的东西，或者物理的东西本质上也包含某种心灵的东西，它们又何以如此不同？这样一系列重要问题的争论延续至今。

在当代心灵哲学的研究中，意识问题作为心身问题的集中反映而成为人们关注的焦点，成立一门意识的科学已经成为对这一领域感兴趣的科学家和哲学家的共识。著名的图克森会议提出的口号就是"走向意识科学"（Toward A Science of Consciousness）。2014年是图克森会议举办20周年，来自60多个国家近800名专家、学者参加了此次盛会，这也从一个侧面反映了意识研究在当代哲学中的地位。2016年，会议的口号变成了"意识科学"（The Science of Consciousness）。这表明，一门意识科学的建立已经成为研究者的共识。

如果意识问题是心灵哲学的核心问题，那么现象性质可以说是核心的核心。心灵哲学自20世纪50年代复兴以来，最突出的一个特征就是物理主义与反物理主义的长期争论与对峙。而这一争论始终是围绕意识的现象性质展开的，因此现象性质成为当代心灵哲学无可争议的核心概念之一。

所谓现象性质，指的是意识或经验的主观特性，也就是有意识伴随的经验过程中内在地呈现或显现出来的可感受的质性特征，很多时候也用感受质来表达这一特征。现象性质具有明显的主观性和内在性，通常被认为只能用第一人称的方式来观察，这与自然科学的第三人称的客观方法大异其趣。尽管物理主义作为一种本体论世界观，在当代心灵哲学中取得了无可争议的绝对优势，成为当代心灵形而上学的标准立场，但是现象性质在认知中的直接性使得人们不得不承认它、面对它、解释它，由此产生了大量的理论争论。从基本立场来看，主要体现为物理主义和反物理主义之间的长期论战。

物理主义认为包括意识现象在内的一切都是物理的，而反物理主义认为物理主义的解释是不充分的，至少意识的某些方面超出了现有物理主义的范围，这就是意识的现象特征。在某种意义上，现象特征成了反物理主义者、二元论者最后的阵地，因而在整个心灵哲学中占据着举足轻重的地位，甚至可以毫不夸张地说，解决了现象性质问题也就解决了意识问题，而解决了意识问题，心身问题也就自然消失了。

因此，对现象性质的考察是整个心灵哲学中的核心问题，这个问题不仅对物理主义提出极大的挑战，对于二元论者同样是一个巨大的难题。当代哲学关于意识和心灵的理论层出不穷，表现为各种形态，如物理主义的同一论、行为主义、功能主义、取消主义等，而每一种理论又包含诸多分支，如同一论有先天同一和后天同一，行为主义有心理的和逻辑的，功能主义的分支更多，有机器功能主义、分析功能主义、目的论功能主义、小人功能主义、黑箱功能主义等，而且还有二元论倾向的其他各种理论，如泛心论、副现象论等。这些理论无一例外地都处于物理主义与反物理主义争论的漩涡中。

这些争论中最令人困惑同时也是最具根本性的问题就在于意识现象性质，几乎所有争论都是围绕它展开的，因此理解现象性质是迅速把握当代心灵哲学研究主题和论域的一把钥匙。用托马斯·内格尔（Thomas Nagel）的话来说就是"如何将处在世界之中的一个特殊个体所具有的视角融贯地联系于我们关于同一世界的客观性视角"或者是如同约翰·塞尔（John Searle）说的那样"像疼痛之类的意识经验到底如何存在于这个纯然由物理微粒所构成的世界中的"。现象意识涉及我们的经验或知觉的质的规定性，这一问题也和知识论密切相关。而上面所提到的各种研究进路和哲学理论都在现象意识这一问题中得到集中体现，可以说，理解现象意识是我们理解意识现象的核心问题。

"现象性质"这一概念的表述有两个来源：一个是 C. I. 刘易斯（Clarence Irving Lewis）引入的感受质（qualia），另一个是内格尔的"成为……究竟是怎样的"（what is it like to be）。相关争论主要是由反物理主义者挑起的，他们基于现象性质的直觉提出了大量的思想实验和反物理主义论证，试图证明物理主义是错误的，或者至少不是充分的。物理主义和反物理主义围绕现象性质展开了长期的辩论，主要有以下几个阶段。

1. 物理主义的经典解释

物理主义从逻辑实证主义中作为统一科学的方法[①]到蒯因奠定的本体论世界观[②]存在一个明显的转向。

经典物理主义描述现象的和物理的两者之间的关系时，其核心观点可以概括为三个论题——随附性论题[③]、因果排他论题[④]和结构性论题[⑤]。在解释现象意识的时候则出现了还原物理主义和非还原物理主义的争论，前者以类型同一论为代表，后者以戴维森的异态一元论的提出为标志。虽然非还原的物理主义逐渐成为主流观点，但不论现象性质是否可还原为其物理基础，物理主义都坚持现象性质随附于其物理基础。物理主义内部的另一个争论涉及物理知识与现象知识之间的蕴涵关系是先天的还是后天的，这个问题主要源于知识论证和克里普克的后天必然性。

2. 关于反物理主义论证

在经典物理主义的概念框架内解释现象性质成为一件非常困难的事情，反物理主义者基于现象性质的直觉提出了很多反物理主义的论证。最重要的有解

---

① Neurath O. Physicalism: the philosophy of the Vienna Circle//Cohen R S, Neurath M. Philosophical papers 1913-1946. Dordrecht: D. Reidel Publishing Company, 1983: 48-51; Carnap R. Psychology in physical language//Ayer A J. Logical positivism. New York: the Free Press, 1959: 165-198; Carnap R. Logical foundations of the unity of science//International Encyclopedia of Unified Science (Volume 1, Number 1), Chicago: University of Chicago Press, 1938: 42-62.
② Quine W V O. From a Logical Point of View. Cambridge: Harvard University Press, 1953; Quine W V O. Word and Object. Cambridge: the MIT Press, 1960; Quine W V O. Intensions revisited. Midwest Studies in Philosophy, 1977, 2: 5-11.
③ Davidson D. Essays on actions and events. Oxford: Clarendon Press, 1980; Kim J. Supervenience and mind: Selected philosophical essays. Cambridge: Cambridge University Press. 1993; Kim J. Physicalism, or something near enough. Princeton: Princeton University Press, 2005.
④ Kim J. Mind in a physical world: An essay on the mind-body problem and mental causation. Cambridge: the MIT Press, 1998; Kim J. Causation and mental causation//McLaughlin B P, Cohen J. Contemporary Debates in Philosophy of Mind. Oxford: Blackwell, 2007: 227-242.
⑤ Charles D. Supervenience, composition, and phisicalism//Charles D, Lennon K. Reduction, Explanation, and Realism. Oxford: Claredon Press, 1992: 293; Pettit P. A definition of physicalism. Analysis, 1993, (53): 213; Horgan T. Supervenience and microphysics. Pacific Philosophical Quarterly, 1983, 63: 29-43; Horgan T. From supervenience to superdupervenience: Meeting the demands of a material world. Mind, 1993, 102 (408): 555-586.

释鸿沟论证[1]、知识论证[2]、模态论证[3]、怪人（zombies）论证[4]、二维语义论证（二维语义论证其实是怪人论证的强化版）[5]等。在此基础上展开的相关研究成果非常多。

（1）关于解释鸿沟论证。这一论证所涉及的主要问题是心理与物理之间的鸿沟仅仅是认知上的，还是说也存在于本体论领域？先天物理主义者否认现象事实和物理事实之间存在认知上的鸿沟，而后天物理主义者承认认知上的鸿沟，但否认两者之间存在本体上的鸿沟。对解释鸿沟论证的批评主要有：保罗·丘奇兰德（Paul Churchland）通过光被还原为电磁波的类比来批评哲学家对物理学的无知[6]；内德·布洛克（Ned Block）和罗伯特·斯道纳克（Robert Stalnaker）指出物理学上的成功解释并不都是先天演绎或推演[7]；迈克尔·泰（Michael Tye）认为解释鸿沟只是一种认知上的幻觉[8]。

（2）关于知识论证。这一论证一直是讨论的热点，物理主义者试图以各种方式解释或消解玛丽走出黑白房间后"学"到的"新"东西：丹尼尔·丹尼特（Daniel Dennett）认为玛丽没有学到任何新东西[9]；大卫·刘易斯（David Lewis）认为玛丽学会的不是知识（knowing that）而是能力（knowing how）[10]；丘奇兰德认为杰克逊在论证过程中使用"知道"这一概念并不是始终一致的[11]。

---

[1] Levine J. Materialism and qualia: The explanatory gap. Pacific Philosophical Quarterly, 1983, 64: 354-361; Levine J. On leaving out what it's like//Davies M, Humphreys G. Consciousness: psychological and philosophical essays. Oxford: Blackwell, 1993: 543-557; Levine J. Purple haze: The puzzle of conscious experience. Cambridge: the MIT Press, 2001.

[2] Jackson F. Epiphenomenal qualia. Philosophical Quarterly, 1982, 32: 127-136; Jackson F. What Mary didn't know. Journal of Philosophy, 1986, 83: 291-295; Jackson F. Mind and illusion//Ludlow P, Nagasawa Y, StoljarD. There's something about Mary: Essays on phenomenal consciousness and frank Jackson's knowledge argument. Cambridge: the MIT Press, 2004: 421-442.

[3] Kripke S. Naming and Necessity. Cambridge: Harvard University Press, 1980.

[4] Kirk R. Zombies vs. materialists. Proceedings of the Aristotelian Society, Supplementary, 1974, 48: 135-152; Kirk R. Sentience and behaviour. Mind, 1974, s83 (329): 44-45.

[5] Chalmers D. The conscious mind. The conscious mind: In search of a fundamental theory. New York: Oxford University Press, 1996; Chalmers D. Materialism and the metaphysics of modality. Philosophy and Phenomenological Research, 1999, 59: 473-493; Chalmers D. Does conceivability entail possibility//Gendler T. Hawthorne J. Conceivability and possibility. Oxford: Oxford University Press, 2002; Chalmers D. The two-dimensional argument against materialism//Chalmers D. The character of consciousness. New York: Oxford University Press, 2010: 141-205.

[6] Churchland P S. The rediscovery of light. Journal of Philosophy, 1996, 93: 211-228.

[7] Block N, Stalnaker R. Conceptual analysis, dualism, and the explanatory gap. Philosophical Review, 1999, 108 (1): 1-46.

[8] Tye M. Consciousness, color, and content. Cambridge: the MIT Press, 2000.

[9] Dennett D C. Consciousness explained. Boston: Little, Brown and Company, 1991.

[10] Lewis D. What experience teaches//LycanW. Mind and cognition. Malden: Blackwell Publishing Ltd, 1990: 29-57.

[11] Churchland P. Knowing qualia: A reply to Jackson//Churchland P. A neurocomputational perspective.Cambridge: the MIT Press, 1989: 67-76.

布莱恩·洛尔（Brain Loar）试图以现象概念策略来反驳知识论证[1]。丹尼尔·斯托贾（Daniel Stoljar）则通过区分两种不同的概念来回应[2]。关于知识论证的讨论资料十分丰富，2004年彼得·拉德鲁（Peter Ludlow）等主编的论文集 *There's Something about Mary: Essays on Phenomenal Consciousness and Frank Jackson's Knowledge Argument* 收集了杰克逊本人的相关论文和15篇代表性的评论和回应。

（3）关于模态论证和二维语义论证。模态论证的经典形式主要是克里普克在《命名与必然性》中提出的，较早的模态论证形式见于弗雷德·费尔德曼（Fred Feldman）[3]和威廉·莱肯（William Lycan）[4]。基于二维语义学的论证是查尔默斯提出的，相关讨论可参见论文集《二维语义学：基础与应用》[5]，关于可设想性与可能性之间关系有大量争论，可参见论文集《可设想性与可能性》[6]。

3. 关于现象概念策略

针对知识论证和怪人的二维语义论证，物理主义的现象概念策略是目前最有力的回应，新近的一些研究可参见2006年出版的论文集《现象概念与现象知识：关于意识和物理主义的新成果》（*Phenomenal Concepts and Phenomenal Knowledge: New Essays on Consciousness and Physicalism*），汇集了13篇知名哲学家讨论现象概念和现象意识的文章。查尔默斯提出万能论证试图对各种现象概念策略试图从根本上否定这一策略。

4. 关于物理主义的修正

物理主义调整自身立场的动力来自两方面：一是亨普尔对基于物理学来界定物理主义的方式提出质疑，认为这会导致一种两难处境[7]；二是反物理主义论证的强大压力，现象性质的主观性使经典物理主义描绘基本框架感到难以应付，科克提出以严格蕴涵代替随附性关系[8]，斯托贾主张引入O-物理属性以消解现象

---

[1] Loar B. Phenomenal states. Philosophical Perspectives, 1990, 4: 81-108.
[2] Stoljar D. Two conceptions of the physical. Philosophy and Phenomenological Research, 2001, 62: 253-281; Stoljar D. The conceivability argument and two conceptions of the physical. Philosophical Perspectives, 2001, 15: 393-413.
[3] Feldman F. Kripke on the identity theory. The Journal of Philosophy, 1974, 71: 665-676.
[4] Lycan W. Kripke and the materialists. The Journal of Philosophy, 1974, 71: 677-689.
[5] Garcia-Carpintero M, Macia J. Two-dimensional semantics: Foundations and applications. New York: Oxford University Press, 2006.
[6] Gendler T, Hawthorne J. 2002. Conceivability and Possibility. Oxford: Oxford University Press.
[7] Hempel C. Comments on goodman's ways of worldmaking. Synthese, 1980, 45: 139-199.
[8] Kirk R. Physicalism and strict implication. Synthese, 2006, 151: 523-536.

性质造成的困难[1]。

5. 关于泛心论

其支持者主要有查尔默斯[2]、西格[3]等,特别是查尔默斯提出的"泛元心论",试图将心或者"元心"作为宇宙的基本特征,以弥补物理学解释中缺失的本质内容,毕竟物理解释始终都是关系和倾向性质,从不涉及内在的本质的东西。但问题在于,物理主义者也试图将这种本质的东西纳入物理的范畴,于是对于微观现象性质如何组成宏观的现象性质,这一问题不仅让泛心论者感到无法回答,物理主义者也无法提供合理的解释,这就使争论再度陷入僵局。关于泛心论的争论可参见 2009 年斯科比纳(David Skrbina)编辑的论文集《安置心灵:新千年里的泛心论》(Mind that Abides: Panpsychism in the New Millennium),以及 2005 年斯科比纳出版的专著《泛心论在西方》(Panpsychism in the West)。至于副现象论,至少可以追溯至赫胥黎[4],其当代形式以杰克逊[5]等为代表,而李贝特实验有时被认为是副现象论的一个佐证。

目前关于现象性质争论的问题已经达到这样的深度:是现象的微观层面隐藏着物理的本质还是本质之中包含现象的元素?当然,这很可能是一个伪问题,因为这种构成现象性质的微观层面的东西可能是中立的,其本身可能是既非物理也非现象的,但无论如何,它都面临构成性难题,这就迫使我们不得不寻找另外的解决方案。因此现象性质或许能够为新的解决方案提供启示。

因此,现象性质的发现和提出可以说就是为了挑战物理主义关于意识问题的反直觉的解决方案。因此要理解现象概念,必须首先对物理主义的形成做出分析。物理主义从方法论到本体论的转变实际上已经昭示了心灵的回归,蒯因在这一过程中发挥的作用不应被忽视,更重要的是蒯因还给出了物理主义的初步定义,而且其中已经包含了随附性的思想。物理主义者试图以客观的科学的方法将意识消解掉或解释掉,这一方式从根本上说与我们的直觉有着直接的冲突,物理主义的这些主张可以归结为三个相互关联的论题:随附性论题、因果

---

[1] Stoljar D. Two conceptions of the physical. Philosophy and Phenomenological Research, 2001, 62: 253-281; Stoljar D. The conceivability argument and two conceptions of the physical. Philosophical Perspectives, 2001, 15: 393-413.

[2] Chalmers D. The conscious mind: The conscious mind: In Search of a Fundamental Theory. New York: Oxford University Press, 1996.

[3] Seager W. Consciousness, information, and panpsychism. Journal of Consciousness Studies, 1995, 2: 272-288.

[4] Huxley T. On the hypothesis that animals are automata. Fortnightly Review, 1874, 95: 555-580.

[5] Jackson F. Epiphenomenal qualia. Philosophical Quarterly, 1982, 32: 127-136.

排他论题和结构性论题。当然并非所有的物理主义者都同时支持这三个论题，但至少不会完全摒弃这三个论题。特别是第三个论题，我们将看到它所带来的组合问题不论对物理主义还是对泛心论都构成了巨大的麻烦。

物理主义内部还有两个重要争论。一个是现象意识能否还原为其物理基础，如经活动及其特定功能。另一个是物理知识对现象知识的蕴涵是先天必然的还是后天必然的。当然，这些争论实际上都涉及来自反物理主义者的攻击，特别是第二个问题，反物理主义者提出的知识论证试图表明那种蕴涵关系并不是必然的。

这就涉及基于现象性质的反物理主义论证。除了知识论证外，最广为人知的还有解释鸿沟论证和模态论证。由于解释鸿沟论证较弱、模态论证的应用范围较窄，而知识论证主要针对物理主义的知识完备性论题，所以这里主要考察的是解释鸿沟论证与模态论证相结合而产生的一个对物理主义的攻击更直接的论证，即怪人的可设想性论证。

怪人论证的支持者起初认为怪人的逻辑可能性就足以推翻所有版本的物理主义，但事实证明，物理主义的生命力远比它的敌人想象的要强大得多，这种极弱的可能性不仅不能对物理主义构成普遍威胁，反而连怪人假设的早期支持者罗伯特·科克也被成功策反，调转枪口转而攻击怪人论证，认为怪人其实是不可想象的。

这从一个侧面表明了这场争论的复杂性。但查尔默斯基于二维语义学构造的新的论证改变了争论的格局。问题的关键不在于现实世界中是否有可能存在怪人，而在于我们可以毫无矛盾地构想一个完全由怪人组成的可能世界。查尔默斯认为这样的情形不仅是认知上可能的，而且是形而上学可能的。然而，不论何种物理主义都不会接受怪人的形而上学可能性。二维语义论证似乎将物理主义的错误建立在尚不明确的语义基础和形而上学基础上，因为关于语义学和模态领域的一些重要问题都处于争议之中，二维语义学本身就面临着逻辑上和认知上难以克服的困难，这就使这一论证的效力大打折扣。此外，一个有趣但又非常重要的现象是，反物理主义的二维语义论证和物理主义都能得出相同的泛心论结论：将意识的现象性质看成是宇宙的基本特征。这实际上表明了物理主义内部的分裂，而这种分裂实际上是"物理的"这一概念本身的分裂造成的。

物理主义的现象概念策略和查尔默斯针对这一策略的万能论证是围绕现象性质展开的新一轮交锋，但结果却陷入一种奇怪的僵局，由于现象性质的中立性，双方都能针锋相对地各取所需为自己的观点服务。物理主义者试图通过自身观点的修正来解决问题，一个办法是寻找随附性关系的替代方案，另一个是扩大物理概念的外延，前者并没有实质的助益，而后者却对物理主义的走向造成了极大影响。

罗素对物理学有一个著名的批评，即物理学揭示的是物质的关系结构而不是物质的内在本质。为了避免这一批评，同时能够解释现象性质的主观特性，物理主义者试图将本质的方面作为一种不同的物理属性纳入到物理主义的整体框架中，这就使得作为本质的（元）现象性质成为物理主义和二元论共同争夺的对象，同时也使得双方立场变得十分微妙，一元与二元、物理与心理的区分甚至成了没有实际意义的语词之争。

更严重的是将微观基本层次上的本质或"元"心看成是现象性质的来源，也就是说，这种层次的东西如何通过某种方式组合成有现象性质伴随的宏观经验，这成了双方都无法圆满解决的巨大难题。如果双方面临的问题具有同样的难度，那么物理主义因其简洁性或许更占优势，但由于引入本质，也就是说，所谓O-物理属性，这种优势几乎也就荡然无存了。而如果组合问题得不到解决，那么某种形式的副现象论或许会是一种可能的选择。虽然这一理论直观上似乎难以接受，毕竟心理因果性是有着极强的直觉上的证据和理由，但通过一些细致的形而上学的考量，结合神经科学的一些发现，我们也有很好的理由认为，副现象论即便不是最好的选择，但也不至于像人们通常所认为的那样不堪想象。

第一章 物理主义与现象性质

笛卡儿关于心身关系的沉思被认为是心灵哲学的起源。由于众所周知的困难，心身关系和意识问题一度不再流行。意识问题作为一个主流的哲学问题再度复兴，首个推动力或许是来自赖尔（Gilbert Ryle）1948年出版的《心的概念》(*The Concept of Mind*)及维特根斯坦关于心理学或心理学哲学的反思。尤其是赖尔对笛卡儿式的二元论的批判，将其归结为基于范畴错误而产生的"机器中的幽灵教条"（dogma of the ghost in the machine）。他主张采用实证方法来讨论心灵，认为心理状态无非是行为或行为倾向的一个方面。逻辑经验主义则在一定程度上推动了行为主义的广泛流行，卡尔纳普在《物理语言中的心理学》(*Psychology in Physical Language*)一文中有对行为主义的清晰表述，可以说行为主义是逻辑经验主义证实原则的必然推论。但行为主义的缺陷十分明显，引起了很多批评，很快被功能主义和其他理论取代。

总体来看，自笛卡儿提出心身问题以来，心灵或意识的研究经历了从心身二元到心脑同一的复杂变化。20世纪50年代后，在脑科学、神经科学及计算机科学迅猛发展的背景下，普莱斯（U. T. Place）、斯马特（J. J. C. Smart）、费格尔（Herbert Feigl）等提出的心脑同一论引起了巨大的反响和争议，使哲学中一度陷入困顿甚至销声匿迹的意识问题再度成为研究的热点。

心脑同一论在赖尔的基础上进一步肃清了笛卡儿式二元论的"幽灵"，因此这一理论虽然并未获得广泛认同，但经历这场争论的洗礼后，几乎所有的争论参与者都没有回到笛卡儿式的二元论，意识和心智现象的物理主义解释迅速成为心灵哲学的新范式。从这个意义上讲，心脑同一论构成了心灵哲学发展的一个分水岭。在此之前，心灵哲学只是一般地讨论心灵与其物质基础——身体，特别是大脑——的关系。在此之后，心灵哲学的核心问题变成了捍卫自身的研究对象和领域，为心灵或意识在物理世界寻找立足之地。在这个意义上，可以说它奠定了当代心灵哲学研究的基调：解释意识的本质及其在物理世界中的位置。在这一范式下，物理描述成为我们现实世界的完备描述或者说充分描述，至少在本体论的意义上，任何精神事实或者心理事实都以某种方式依赖于物理事实。

但随着探讨的不断深入及意识的现象性质的提出，物理主义似乎才开始遭遇到真正的困难，物理主义内部隐藏的一些问题也逐渐暴露出来，迫使哲学家对物理主义本身做出修正。近50年来，同一论、功能主义、还原论、反还原论、突现论、取消论、副现象论、泛心论、属性二元论等，各种理论和解释模型不断涌现，而每一理论衍生出的不同版本更是层出不穷。这些理论要么坚持物理主义，要么同情二元论，从而形成了物理主义和反物理主义的交锋和论战。这也构成了理解现象性质问题的一个大背景，因此要了解现象性质及相关争论，就需要对物理主义进行必要的考察。

第一节　物理主义的兴起

在当代心灵哲学中，物理主义至少在本体论层面被普遍视为心灵形而上学的标准立场。在关于意识现象及其本质的严肃探讨中，物理主义取得了毋庸置疑的统治性地位和绝对优势。从作为统一科学的方法到作为一种本体论的世界观，物理主义的这一转变与一度被拒斥的心灵形而上学的回归是同步的。古老的心身关系问题在新的本体论基础上体现为心脑关系问题，体现为心灵在物理世界中的位置问题。物理主义为此提出了各种版本的理论解释，如心脑同一论、取消主义、行为主义与功能主义等，这些理论背后共同的本体论基础可以称为"经典物理主义"，从而与后来物理主义的修正相区分，因此本章所使用的术语"物理主义"如果没有特别指明，也都指这种经典物理主义[1]。

---

[1] 当然，这并不意味着物理主义的两种截然不同的类型或基本立场的历史性转变，而意在说明，在现象性质的争论出现之前和之后，物理主义的核心主张发生了一些不可忽视的改变，而这种改变在很大程度是由关于现象性质的争论推动的。

物理主义与唯物主义这两个术语在心灵哲学往往可以交替使用。当然，两者仍存在明显的区别，唯物主义显然是更一般性的使用，它主张宇宙间一切事物如果本身不是物质的那就是以物质为基础、依附于物质的。但基于德谟克利特原子论的传统物质观已经被现代物理学的一系列重大发现冲击得支离破碎，如层出不穷的越来越微观的基本粒子，物理学家也不敢确定夸克究竟是不是最小粒子，而波粒二象性及质能方程让人们对物质的本质也有了全新的认识。这一切不得不归功于现代物理学带来的巨大影响，同时也是为什么人们更倾向于用物理主义而不是唯物主义的一个重要原因。当然，关于宇宙的解释除了物理学之外还有很多科学，如生物化学、神经生理学、分子生物学、地理学、心理学、社会学、生态学等，更不用说一些科学性身份尚存在争议的领域，如民间心理学[①]和民间物理学。这些科学都有它们自身独特的理论术语，从不同侧面和领域描述对象、事件或属性。于是问题在于，这些科学谈论的是同一事物的不同方面，还是对不同实在的不同片段进行刻画。对此，物理主义提出了一个响亮的口号——"一切无非是物理的"，因为当代物理学对物质结构的探索似乎使人们有充分的理由相信，物理学已经提供了一种更简单、更一致的本体论，在此基础上，我们能够为包括意识现象在内的一切事物都提供一种简洁明快且自身融贯的解释或说明。

一、从方法到本体论世界观

在亚里士多德那里，形而上学与物理学都是关于存在的学问，前者是研究"存在之为存在"或者说存在本身的最高学问，而后者涉及存在者（实体）存在的方式。这就奠定了这两门学问分别在哲学和自然科学中的基础性地位。而从字面看，形而上学（metaphysics）其实就是物理学"之后"的"元"物理学。虽然自牛顿以来，物理学在自然科学中的重要性从来没有受到实质性的质疑和挑战，但物理主义成为普遍接受的本体论世界观却是20世纪后半叶的事情，在此之前，它首先是作为一种方法论由逻辑实证主义者提出的。

20世纪上半叶，在逻辑实证主义"统一科学"的运动中，物理主义方法成为核心纲领。逻辑实证主义者大都具有明显的反实在论倾向，他们并不关心

[①] 民间心理学（folk psychology）这一概念最初是丹尼特在《三类意向心理学》中提出的，但关于它的解释却非常繁多，总体而言，这个概念指的是流行于并未掌握心理学科学专业术语和专业知识的普通民众中的关于心灵和精神现象的看法和解释，包含我们对精神和心理状态的常识理解。

对象是不是都由相同的物理材料构成，他们关心的问题是，从物理学到心理学，科学研究的这些不同分支和领域，是否都应该使用控制观察（controlled observation）和系统概括（systematic generalization）这样的客观方法。逻辑实证主义者将统一科学视为唯一目标和终极任务①，而科学的统一性本质上又被归结为方法论的统一性，这种方法论的统一性是通过物理主义语言实现的，因为"物理主义语言的最重要的优点之一，就在于这种语言具有主体间的可交流性，也就是说，它原则上能够使所有使用这种语言的人都观察到这种语言所描述的事件"②。这就是说，物理语言的普遍性和主体间性为统一科学的可能性奠定了基础。实际上，"维也纳学派在讨论中，已经达成这样的见解，即认为这种物理的语言是一切科学的基础语言，认为它是包含所有其他科学语言内容的普遍语言。换言之，科学语言的任何分支的每个句子与物理语言的某个句子是对等的，所以能被译为物理语言而不改变其内容"③。正是在此意义上，纽拉特（Otto Neurath）宣称物理主义正是"现时代统一科学的方法"④。卡尔纳普（Rudolf Carnap）在《语言的逻辑句法》中对纽拉特提出的这种物理主义做出了界定：

"物理主义论题主张，物理语言是科学的统一语言——也就是说，所有科学分支领域的每一种语言可以忠实地翻译成物理语言。由此得出，科学是一个统一的系统，其中不存在根本上不同的对象域，因而也不存在鸿沟，比如自然科学与心理学科学之间的鸿沟。这就是科学统一性论题。"⑤

卡尔纳普强调，唯有通过这种统一的物理主义语言，我们才有可能将科学的诸领域统一起来⑥。因为只有物理主义语言才能满足科学统一语言所要求的主体间性和普遍性，虽然包括心理学在内的其他科学可以使用自己的术语，但它们都可以翻译为物理主义语言。这就意味着，在心身问题中，心理学术语可以通过物理主义术语来定义，所有的心理学语句都能"翻译"成物理主义语言。

在《哲学与逻辑句法》中，卡尔纳普以"发怒"为例说明这种翻译是如何进行的：对于心理学陈述"在十点钟时，A先生发怒了"，存在与之等同的物理

---

① Neurath O. Physicalism//Sarkar S. Logical empiricism at its peak: Schlick, carnap and neurath. Garland Publishing Inc., 1996: 74.
② [美]卡尔纳普. 卡尔纳普思想自述. 陈晓山，涂敏译. 上海：上海译文出版社，1985：81.
③ [美]卡尔纳普. 哲学和逻辑句法. 傅季重译. 上海：上海人民出版社，1962：51.
④ Neurath O. Physicalism//Sarkar, S. Logical Empiricism at Its Peak: Schlick, Carnap and Neurath. Garland Publishing Inc., 1996: 78.
⑤ Carnap R. Logical Syntax of Language. London: Routledge, 2001: 320.
⑥ 参见 Carnap R. Logical foundations of the unity of science//Boyd R, Gasper P, Trout J D. The Philosophy of Science. Cambridge: the MIT Press, 1999: 404.

主义句子"在十点钟时，A先生具有某种身体状况，这种状况的征象是：呼吸和脉搏加速，某些肌肉紧张和某种暴烈行为的趋势等等"。卡尔纳普用 Q_1 表示发怒的性质，Q_2 表示身体的物理性质，t_1 表示时间十点钟，从而将这两个句子重新表述为：

（心理的）$Q_1(A, t_1)(S_1)$
（物理的）$Q_2(A, t_1)(S_2)$

然后，卡尔纳普又假定存在这样的一条科学定律：每一个人在发怒时，他的身体就处在上述的那种物理状况中，反之亦然。用符号表达为：

$$(x)(t)[Q_1(x, t) \equiv Q_2(x, t)]$$

这一科学定律发挥的作用类似翻译手册或者密码本，借助这一定律，心理学语句 S_1 能够从物理主义语句 S_2 中演绎出来，S_2 也能从 S_1 中演绎出来，因而两者是等同的。当然，卡尔纳普更看重的是如何将心理学语句翻译成物理主义语句，他强调：①心理学语言中不可能存在不可翻译的性质谓词；②句子 $Q_1(A, t_1)$ 一定是能够被经验地验证的；③对 $Q_1(A, t_1)$ 的验证依赖于 A 的可被观察的物理行为；④S_2 是报告这种可观察的物理行为的物理主义语句。因此，将心理学语句 S_1 翻译成物理主义语句 S_2 是完全可行的。但在日常生活中用物理主义的语言取代心理学语言显然是一件十分怪异的事情，或许正是出于这样一种顾虑，卡尔纳普将这两种语言之间的相互翻译看成是两种不同说话方式的转换，即实质说话方式（material mode of speech）和形式说话方式（fomal mode of speech）的转换，具体采用何种说话方式取决于语言使用者的个人偏好和倾向：

> 物理主义的问题是一种科学的，更确切地说来，是一种逻辑的、句法的问题；它只能通过进一步的研究和辩论得到解决。但是一个人用实质的方式来说话时，他应该谈到两种不同的状态，即心理的和物理的状态，还是仅仅应该谈到一种状态，这只是一个规定语言的用法的问题，也可以说，只是一个偏好的问题。它决不象形而上学者在他们争论中所相信的那样，是一个事实的问题。①

使用心理学术语的句子属于实质说话方式，这种说话方式会让我们误认为是在谈论实在的对象，因而卡尔纳普又把这种句子称为"假对象句子"；而形式说话方式是使用物理主义术语的、明显属于句法的句子。由于物理主义语言是科学的统一语言，因而，实质说话方式也能翻译成形式说话方式。比如，"友谊不是一种性质而是一种关系"这个陈述句是实质说话方式的句子，翻译成形

---

① [美] 卡尔纳普.哲学和逻辑句法.傅季重译.上海：上海人民出版社，1962：56.

式说话方式的句子就是"'友谊'这个词不是一个性质指称，而是一个关系指称"①。卡尔纳普的区分相当于命题理论中从物与从言的区分，翻译之后的句子中涉及的是"友谊"这个词，而不是原来句中所提示的友谊本身。

通过这样一种区分，卡尔纳普意在表明，一方面可翻译不等于必须翻译，物理主义语言虽然是科学的统一语言，但这并不意味着必须要用物理主义语言全面取代其他语言；另一方面，可翻译不等于可还原，也就是说，术语之间的可翻译性并不意味着对象之间的同一性或可还原性，因为心理学句子都属于实质说话方式的假对象语句，心理学术语并不指示相应的对象，自然也就无所谓对象之间的同一或还原关系。按照逻辑实证主义一贯的反形而上学立场，如果追问心理学语句 S_1 所描述的心理状态和物理主义语句 S_2 所描述的物理状态究竟是两种状态还是同一状态，如果是两种状态的话这二者之间的关系是怎样的，那就会陷入毫无意义的形而上学的泥淖。因此卡尔纳普着意指出：

> 物理主义以及语言的统一和科学的统一这一论题与一元论、二元论或多元论等的任何论题毫无关系。我提及对象的一致性仅仅是对于通常说话方式的让步。正确地说来，我不应谈对象而只应谈名词，因而我的话就变为：科学的各个分支的名词都是逻辑地一致的。②

可以看出，作为典型的逻辑实证主义者，卡尔纳普将形而上学层面的实在性问题作为语言使用方式的混乱而加以拒斥，因此所谓心身问题在卡尔纳普看来也是形而上学的假问题，是不同说话方式造成的误导和混淆。这实际上是以语义上行的方式将心身问题作为语言问题而消解掉。这一做法有两点值得注意。

首先是逻辑实证主义的证实原则决定了他们在心身问题上的行为主义倾向。证实原则要求，一个句子表达的命题在经验上是有意义的。仅当该命题至少原则上能够被观察证据完全证实或部分证实。如果一个句子不存在被经验证实或者被逻辑证明的可能性条件时，那么这个句子没有任何意义可言——逻辑实证主义正是以此为由，试图将形而上学命题作为无意义的命题从哲学研究中清除出去，而心身关系作为传统形而上学的核心问题自然也属于被清除的对象。对于逻辑实证主义而言，真正的心理学或者说科学的心理学只能是行为主义的，因为按照他们的证实原则和方法，人们没有任何办法直接通达于他人的心理状

---

① [美]卡尔纳普. 哲学和逻辑句法. 傅季重译. 上海：上海人民出版社，1962：39.
② [美]卡尔纳普. 哲学和逻辑句法. 傅季重译. 上海：上海人民出版社，1962：57.

态，能够被公开的经验检验到的只能是人的行为状态与特征。因此，纽拉特也承认"行为主义与维也纳学派的思想是相近的"[①]。

其次是物理主义的方法论特征。卡尔纳普将包括心身问题在内的一切哲学问题都归结为句法问题，将逻辑句法的方法视为哲学的唯一方法，即"对作为一个规则系统的语言形式结构进行分析"。当然，后来卡尔纳普也注意到仅从句法的角度考虑是不够的，还要结合语义和语用[②]，但无论如何，这些分析都是围绕科学统一语言——物理主义语言展开的。一旦有了这样一种理想语言，就可以用物理主义的性质和量值概念去翻译包括心理学概念在内的一切其他科学概念。这就使传统的本体论问题变成了没有意义的假问题，因为本体论问题的出现完全是由于语言框架或说话方式的不同选择而造成的无关紧要的"外部问题"。因此，这种明显的反实在论倾向使得物理主义只是作为统一科学的一种方法而出现。

这两方面都受到了强烈的质疑和挑战。就逻辑行为主义而言，将心理学语句翻译成物理主义语句显然会遗漏某些重要的内容。比如，一种常规的批评指出这种行为主义不能说明倾向性和意向性及某些"从未对行为有任何影响的心理性质"。也就是说，行为主义显然忽略了一个明显的事实，即意识状态未必都表现为外在可观察的行为，这样的话行为主义对心理状态的解释至少是不充分的。卡尔纳普对这一问题的解释极为牵强。他认为，对于这样的一些心理状态，虽然心理学家无法通过外在行为来检验，但他自己也能够用相同的心理学术语描述自己的心理状态，因此这时候他就不需要经过经验证实，而直接通过对自身心理状态的内省推论出身体相关的物理状态。卡尔纳普这一论证要求所有人的身体对相同刺激做出完全相同的反应，并且他们对这种反应的描述使用完全相同的心理学术语。这显然是不可能的。还有一种常见的批评指责是仅仅"翻译"无法说明心身之间的因果交互作用，这一问题被当做形而上学问题排除掉了。普特南曾经提出"超级演员/超级斯巴达人"的论证揭示这种僵化的"翻译"造成的荒谬：演技极佳的演员可以在没有疼痛的感觉时完美地"表演"出疼痛的感觉，而超级斯巴达战士也可以强忍疼痛而不表现出任何疼痛的样子。

当代物理主义也不再将方法论特征作为物理主义的一般原则，虽然仍会有一些物理主义者主张所有科学都应该使用实证方法来进行观察和概括。但更多

---

① Neurath O. Physicalism//Logical Empiricism at Its Peak: Schlick, Carnap and Neurath. Garland Publishing, Inc., 1996: 204.
② ［美］卡尔纳普. 卡尔纳普思想自述. 陈晓山, 涂敏译. 上海: 上海译文出版社, 1985: 89.

的科学家赞同研究方法上的多元性,各门具体科学的研究方法可能有其自身特色,与物理主义方法不尽相同。比如,一个生物学的物理主义者可以否认生物学涉及规律,而社会学的物理主义者可以坚持以移情来理解社会学的方法而不是第三人称的观察。显然,研究方法的多元性也更有利于科学自身的发展与进步。

当代物理主义的解释中已经没有多少直接的方法论意蕴,物理主义更主要的是一种本体论世界观,它宣称一切归根结底都是物理的,而不是说一切都应该通过物理科学方法来研究。促使物理主义从方法论转向本体论的因素主要表现在以下三个方面。

(一)心理-物理桥接律

上文提到卡尔纳普为了使心理学语言与物理主义语言之间相互翻译成为可能,设定了一条科学定律,使得每一心理学术语或句子都能翻译成相应的物理主义术语或句子。但在卡尔纳普那里,这一定律主要是作为翻译规则来发挥作用,并不意味着心理的东西和物理的东西之间存在某种律则性联系。但这实际上已经暗示了如下问题的可能性:心-物之间是否存在桥接律?这一问题显然涉及心理学解释的地位,如果这种桥接律是不存在的,那么心理学解释似乎就失去了基础。当然,这里的心理学主要是指民间心理学,因而这一问题实际上也就是关于民间心理学的科学性问题。20世纪中期,关于这一问题爆发了一场争论,争论的一方是,亨普尔和艾耶尔(A. J. Ayer)主张"理由即原因",认为隐藏于日常思维中的经验概括将信念之类的心理状态与后继的行为欲望联系起来,从而强化了心理学解释。争论的另一方以威廉·德雷(William Dray)和彼得·温奇(Peter Winch)为代表,认为理由和行动之间的联系是逻辑的或包含意义的,而不是经验的。

这一争论的影响延续至今,特别是关于日常心理学思维是否适于并入科学心理学,也就是说民间心理学是否是"原科学"(protoscience)[①]这个问题仍然在争论之中。但这一争论在另一方面却没有跟上哲学潮流,因为其参与者对于心与脑如何发生关系表示出漠视。他们似乎仅想弄清楚心理状态与行为之间是否存在可检验的经验律则,但却没有看到这一问题与心脑关系问题之间的联系。

无论如何,当代分析哲学中几乎所有的哲学家都对心脑关系持有某种见解,即使那些同德雷和温奇一样反对常识心理学的人,现在也都承认心灵与大脑之

[①] 原科学涉及科学划界问题,它指的是那些从不太确定是否是科学到逐渐成为科学的认识领域,因而可以说是科学理论的原始状态。

间存在某种构成性的关联。比如，戴维森可以说是德雷和温奇的当代支持者，他认为理由与行动之间的解释关系是理性理解的独特领域，与科学律则无关。即便如此，他还是支持"理由即原因"，试图将德雷和温奇对心理学律则的方法论否定与心-脑架构的物理主义承诺结合起来，也就是他著名的无律则一元论或异态一元论（anomalous monism）。

关于"理由即原因"的争论在20世纪50年代完全是关于律则的，心脑同一论尚未发轫。但很快，随着心脑同一论的出现，几乎所有的分析哲学都蜂拥而至，首先是费格尔（Herbert Feigl）和澳大利亚学派，然后是戴维森、大卫·刘易斯（David Lewis）、普特南（Hilary Putnam）等。但无论是支持者还是批评者，基本上都接受了物理主义的基本原则。与此同时，虽然理由与行动的争论仍在继续，但却是在更广阔的背景下展开的，即物理主义关于心脑关系的假定。

（二）心脑同一论

心脑同一论的出现最终标志着当代心灵哲学中物理主义本体论的完全确立，尽管类似的思想很多哲学家早有论及，比如，卡尔纳普和布劳德（C. D. Broad），但作为心身问题或意识问题的完整解决方案而产生巨大影响力，仍要归功于20世纪50年代后期由普雷斯、费格尔、斯马特等提出的心脑同一论。这一理论即使在今天看来也仍然是相当激进的，它主张感觉就是大脑过程，或者与大脑过程是同一的。正如费格尔在《"心理的"与"物理的"》中指出的：

> 我希望澄清并为之辩护的同一性论题断言，有意识的生物所经历的以及那些我们确信可以归之于某些高等动物的直接经验的状态，同一于这些有机体内神经过程的某些（很可能是结构性的）方面。[1]

斯马特进一步阐述并扩展了普雷斯的思想：

> 当我说一个感觉就是一个大脑过程，或者闪电就是一次放电时，我是在严格同一的意义上使用"同一"（正如在命题"7同一于大于5的最小素数"——不过这个例子是必然的）。当我说一个感觉就是一个大脑过程或闪电就是放电，我的意思并不仅仅是说感觉在空间或时间上与大脑过程相接续或者闪电在空间或时间上与放电相接续。

---

[1] Feigl H. The "mental" and the "physical" // Feigl H, Scriven M, Maxwell G. Concepts, Theories, and the Mind-Body Problem. University of Minnesota Press, 1958: 446..

斯马特这里强调的同一性是一种严格同一性，即自身相等同，而不是两个东西的相似或者在时空因果链条中前后相继。也就是说，如果 A 和 B 是（严格）同一的，当且仅当 $A=B$，即 A 就是 B，它们是同一事物或属性。因此，同一论认为包括感觉在内的所有心理状态或意识现象都同一于特定大脑或神经状态。

支持心脑同一论的理由主要来自以下几个方面：一是经验层面的考量，因为目前几乎所有的科学证据都表明，生命似乎是一种纯物理-化学现象，而且这极有可能是真的；二是它符合奥康剃刀原则，既然在人体中只有神经系统的纯物理过程与心理状态相关，那我们没有理由再设定其他任何实体；三是以类比论证表明心与脑的同一是一种偶然同一。这种同一类似于水与 H_2O、启明星与长庚星或者闪电与放电的同一[1]，依赖于偶然的经验发现，斯马特称之为"理论上的同一"（theoretical identities）；四是从法则学角度看，如果心灵或意识是非物质实体，那么将它们与大脑活动联系在一起的规律无法整合进物理世界的因果关系网络中，成为"律则悬垂物"（nomological danglers）[2]。

这种形式的（类型）同一论显然会导致一种还原的物理主义，因为心理状态和意识活动被等同于特定的大脑状态或神经系统的结构与活动。这样的话，所谓心理属性或意识属性都可以还原为脑神经系统的属性，更重要的是，这不是将个别精神状态或属性还原为某个特定的脑神经状态或属性，而是作为类的心理状态或属性与神经状态或属性之间的还原。在此意义上，心理学和心灵哲学被还原为神经科学。这一理论无疑是唯物主义的，因为它坚持心理的东西其实就是脑神经系统的结构与活动，它更是物理主义的，正如斯马特在为斯坦福哲学百科全书撰写的"心身同一理论"词条时所表明的："同一论者经常说他们自己是唯物主义者，但物理主义者这个词可能更恰当。也就是说，一个人可以是心灵的唯物主义者但却又认为物理学中谈到的实体未必都乐于被说成是'物质的'。"[3]这就意味着关于物质本性的问题交给物理学去做就可以了，哲学只需

---

[1] Place U T. Is Consciousness a Brain Process? British Journal of Psychology, 1956, (47): 44-50.
[2] 这个术语是斯马特在其论文《感觉与大脑过程》中引入的，他将这一术语归于费格尔。这一术语揭示了将非物理的意识经验与其相关大脑过程联结起来的规律的尴尬处境。即使我们接受这些关系或规律，它们也不可能以科学的方式被解释。它们不属于常规科学概念，也就是说，它们悬垂于科学的律则网络之外。心灵的同一理论试图清除这些悬垂物。斯马特在其1960的文章《感觉与大脑过程》中将这一术语用于那些被认为是悬垂于心理学规律的物理实体，而不是心理物理规律本身。但他后来回到了费格尔的使用方式，尽管他对这种律则抱以极大的怀疑。"律则悬垂最多也仅仅是将与 B 相关的大量 A 归于普遍化的'所有 A 都是 B'。个中原因就在于律则悬垂是支持连接物理事件——其实是神经生理事件——与所谓非物理事件（意识经验）的规律。"参见 Feigl H. The "mental" and the "physical" // Scriven F H, Maxwell M G. Concepts, theories, and the mind-body problem. University of Minnesota Press, 1958: 370-497.
[3] 参见斯坦福哲学百科 "The mind/brain identity theory" 词条，http//plato.stanford.edu/entries/mind-identity/2007.

要专注心身关系或心脑关系。可见,物理主义已经不再是一种统一科学的语言学方法,谈论心理术语也不再仅仅是说话方式的转换,物理主义真正成了一种形而上学本体论的学说。

（三）蒯因的物理主义

蒯因在奠定本体论的物理主义的过程中发挥了关键的作用,这一作用体现在他一系列影响深远的经典主张中,首先是他恢复了本体论问题在分析哲学中的地位。在"论何物存在"和"经验论的两个教条"中,蒯因认为,对于"飞马"这类并不指称现实存在物的名称,我们仍可以有意义地谈论它,因为"何物存在"与"谈论何物存在"是根本不同的,前者涉及本体论事实,而后者则是基于约定的"本体论承诺"。按照这样一种区分,"一个理论的本体论承诺问题,就是按照那个理论有什么东西存在的问题"[①]。本体论问题并不是像逻辑实证主义者说的那样毫无意义,至于本体论的选择,蒯因采取了和卡尔纳普类似的策略,主张一种实用主义的宽容原则。而且,与卡尔纳普一样,蒯因也深受行为主义的影响,他承认谈论心理事件的语词必须与物理对象的行为有直接或间接联系,这样才能是可公共观察的[②],但与卡尔纳普不同的是,他认为"心理状况和心理事件不是由客观的行为组成,也不由行为来解释,而是由行为来表现的"[③]。更重要的是,蒯因的行为主义与他本体论并非方法论的物理主义相联系,在《物质真相》一文中,他分析了这种物理主义本体论的不同表述:

（P1）没有物体在位置或状态上的差别,那么世界上也就没有什么差别。

（P2）没有物体位置或状态的变化,那就没有变化。

（P3）没有原子在数目、排列和轨迹上的差别,那么世界上也就没有什么差别。

（P4）没有时空区域对物理状态的实现的差别,那就没有任何差别。

蒯因首先强调,物理主义者不必坚持一种排他性的物质本体论（an exclusively corporeal ontology）,通过（P1）物理主义者仍然可以宣称物体是自然的基础,但却把集合、数等抽象实体排除在物理主义之外。（P2）用变化替换了差别,主要还是为了照顾数学对象,因为这些抽象对象显然是没有变化的。这一定义如

[①] Quine W V O. The Ways of Paradox and Other Essays. New York: Random House, 1966: 203-204. 转引自陈波. 奎因哲学研究. 北京: 生活·读书·新知三联书店, 1998: 265.
[②] [美] 奎因. 词语和对象. 陈启伟等译. 北京: 中国人民大学出版社, 2005: 300.
[③] Quine W V O. Whither physical objects//Cohen R S, Feyerabend P K, Wartofsky M W. Essays in the memory of Imre Lakatos. Dordrecht: Reidel Publishing Company Inc., 1976: 497-504.

果用于倾向性就意味着，如果没有物理变化那么即使是尚未实现出来的倾向性也不会有变化，换言之，物理上没有区别则倾向性也没有区别。（P2）更严重的麻烦在于它对内在的心理生活无能为力：根据这个定义，如果一个人两次处于相同的物理状态，那么他在这两个状态中拥有同样的信念和思想。当然，思想和行为的倾向性只要没有实现出来也是完全相同的。不过，蒯因指出，（P2）并不像表面看上去那样支持还原论，它并不指望我们能够以生理学和微观生物学术语来详述所有的心理事件，因为它并没有要求心理术语中事件的集合与生理术语中事件的集合处于一种系统性的关联之中。因此，关于心理世界（P2）仅仅表明没有物理上的区别也就没有心理上的区别。在蒯因看来，"现在我们大多数人对这一原则大多习以为常反而忽视了它的重要性"[①]。这种重要性就在于它提供了一种方式使我们能够说基本对象是物理对象，它赋予物理学以基础自然科学的合理地位同时又无需承诺还原论，更重要的是它还能够清除精神实体：如果没有物理区别就没有心理上的区别，那么承认物体之外还有心灵就是毫无意义的本体论的奢侈（ontological extravagance）；将心理谓词直接用于作为身体的人，日常使用中有大量这样的方式，这对我们毫无损失。我们仍有两种谓词，心理的和物理的，但都用于身体。于是物理主义就得出了一种只有物理对象及数学的集合或其他抽象对象的本体论，没有心灵作为额外的实体。

实际上（P2）已经基本实现了蒯因的本体论目标，但这并不意味着（P2）是完全的和充分的，蒯因试图进一步对"物理的"差别或变化做出更精确、更细致的界定，于是就有了（P3）和（P4）。（P3）诉诸传统的原子论，但现代物理学中原子已经让位于形形色色的令人困惑的基本粒子。物理学已经表明，这些粒子甚至都不能被理解为传统意义上的质点，场理论将状态的变化直接归结为不同时空区域的程度变化，这样蒯因就得到（P4）。在此基础上，蒯因进一步将时空区域归结为数的四元组之集，从而最终抛弃了物理对象而达到纯粹集合的数学本体论，他把这一过程称为"本体论的坍缩"（ontological debacle）。这一定义明显是奠基于物理学的成就，然而物理学本身却是可错的，这就使蒯因的定义有很大的局限性，而且他在数学本体论上走得太远，事实上后来的物理主义者更倾向于在最终的物理学解释上持开放立场，只需要坚持较弱的（P2）即可。无论如何，蒯因实际已经给出了物理主义的初步界定，确立了物理主义的本体论意义。

---

① Quine W V O. Facts of the matter. Southwestern Journal of Philosophy, 1978, 9（2）：155-169.

二、经典物理主义的意识理论

20世纪50年代开始,心脑同一论的提出引发了热烈的争议,因为逻辑经验主义对形而上学问题的排斥使一度被边缘化的心身问题重新成为哲学关注的焦点。虽然早期的心脑同一论存在严重的困难,并没有被普遍接受,但作为其基础的物理主义本体论却迅速成为心灵形而上学的标准立场,由此产生了各种基于物理主义本体论的意识理论。

(一)殊型同一论

殊型同一论产生的一个直接原因是为了避免类型同一的困难。早期类型同一论显得过于强硬,至少表现在以下两个方面:①类型的严格同一意味着莱布尼茨同一律中的同一物不可分辨性,即对于任意对象 x 和 y,如果 x 同一于 y,那么 x 和 y 在一切方面都相同。也就是 $(x)(y)(x=y \rightarrow (Fx \rightarrow Fy))$。这样就会导致两种极端的结果,要么将非物理属性和特征通通取消,只承认心理状态的物理属性和特征,从而滑向取消主义;要么将心灵属性也归于物理对象,从而导致泛心论。②类型同一还意味着我们不能将心理状态归于神经生理机制与我们非常不同的有机体,因而拒绝功能主义所主张的"可多样实现性"(multiple realizability)。关于这方面的一个经典批评来自内德·布洛克(Ned Block)的"神经沙文主义"(neural chauvinism):只有像我们地球人类所具有的这样的神经元才能产生心灵和意识。[1]

这些问题使同一论内部发生了重要的分裂和转向,即从所谓"类型-类型同一理论"(type-type identity theory)转为"殊型-殊型同一理论"(token-token identity theory),简便起见一般分别称为类型同一论和殊型同一论。殊型同一论主张,每一个心理的或精神的殊型都同一于某个物理的殊型;也就是说,对于每一个心理状态或事件,都有某个特定物理状态或事件与之同一。这种类型同一比这种殊型同一显然要弱得多,相比之下也更为合理。以疼痛为例,殊型同一论能够允许说每一个特定类型的疼痛由特定的神经过程实现,这就使神经系统与人非常不同的有机体也能感觉到疼痛,甚至完全不通过神经系统而通过其他方式实现同样的感觉也是可能的。

---

[1] Block N. Troubles with functionalism // Savage C W. Perception and cognition: Issues in the foundations of psychology. Minneapolis: University of Minnesota Press, 1978: 261-325.

（二）功能主义

20世纪60年代，普特南和福多（Jerry Fodor）等提出的功能主义迅速取代了同一论的地位。功能主义的兴起在很大程度上得益于20世纪后半叶计算机科学的飞速发展。因为计算机使人们相信，不同的机器可以执行相同的程序和计算。也就是说，相同的功能可以在不同的物质载体上实现，即所谓的"可多样实现性"。更重要的是，虽然功能的实现离不开其物质载体，但功能本身并不是物质性的，而且也不能被还原为其物质基础。

功能主义认为心身关系与计算机软硬件之间的关系是类似的，心理属性并不神秘，它无非是一种功能属性，在它所处的系统中发挥特定的因果作用。这样的话，疼痛之所以为疼痛并不是由于其相关的物质基础或载体，而是由于它在有机体的感觉输入和行为输出之间充当了适当的因果角色。因此，功能主义的一个基本主张就是：心理状态或属性无非就是功能状态或属性。这表明，功能主义承认心理状态和属性的存在，并且同意说这些东西是需要解释的，但这种解释只能诉诸它们在因果网络中充当的角色或者发挥的作用。

功能主义的"输入-输出"继承了行为主义的"刺激-反应"模式，同时又避免了行为主义的简单性。至于这些功能是如何"实现"出来的，一些功能主义者认为这是心理学家和神经科学家的任务，而不是哲学问题，因而拒绝回答，这就使心灵的功能状态变成一个我们对其内部机制一无所知的黑箱，因而被称为黑箱功能主义；另一些功能主义者认为功能是通过计算实现的，大脑就是一台生物图灵计算机，心灵就是这台计算机的符号操作系统，而心理过程就是符号操作的计算过程。普特南甚至设想我们可以设计制造行为举止符合人类理性行为准则的图灵机——"理性行动者"（rational agent），这就为人工智能提供了无限遐想的空间。

功能主义关于心身关系的主张在一定程度上克服了行为主义的心脑同一论的困难，但同样也包含明显的缺陷，受到各方面的质疑和攻击。最核心的批评是认为功能主义同样忽视了心灵的本质特性。比如，塞尔的一个论证："大量的人口（如全体中国人）可以模仿人脑的功能组织，以至具有正确的输入-输出关联以及内部因果关系的正确模式。虽然他们全都一样，但是这一系统不会像有意识的系统那样感受到任何东西。全体中国人不能仅通过模仿痛的功能组织，而感受到痛。"[1] 当然，更著名的是他的中文屋论证，这一论证同样表明，"任何

---

[1] [美] 约翰·R. 塞尔. 心灵的再发现. 王巍译. 北京：中国人民大学出版社，2005：40.

只用计算机程序来产生心灵的企图，都遗漏了心灵的本质特征"[1]。这里涉及的问题是，功能主义实际上无法解释作为高阶功能状态的心灵如何从低阶的物理状态中"实现"出来。关于这一问题的争论导致了以"突现"（emergence）取代"实现"的突现论。

（三）取消主义

取消主义（Eliminativism）可以说是当代心灵形而上学理论中最为激进的形式，它是一种极端的物理主义，也被称为取消式物理主义（eliminative physicalism）。顾名思义，这一理论宣称民间心理学是完全错误的，民间心理学术语都是没有指称的空概念，它们意谓的心理状态根本就不存在，我们关于心理现象的常识概念框架也终将被神经科学彻底取代。这一理论虽然是在1968年由考恩曼（J. Corenman）首次提出[2]，但正如上文指出的，心脑同一论实际上已经在理论上为取消主义做好了准备。罗蒂在《心身同一性、私人性和范畴》一文中论证说，用来论证同一论的证据实际上更支持取消主义[3]。而塞拉斯、蒯因、费耶阿本德等也都表现出取消论的倾向，塞拉斯指出，虽然关于心灵的常识看法有其自身的解释力和有效性，但面对有着强有力证据支持的科学理论时，它无疑是可错的，这就使得神经科学取代民间心理学具有了某种程度的科学革命的色彩；蒯因认为命题态度的本体论是错误的，"如果我们是在勾画实在的真正的和终极的结构"，那就应该用科学的直接引语消除命题态度的间接引语——"除了有机体的体质和行为，不知道任何命题态度。"[4]费耶阿本德认为心灵的物理主义既然否定心灵状态的存在，那就没有理由不取消它。

当代取消主义最坚定的拥护者无疑是保罗·丘奇兰德（Paul Churchland）和帕翠莎·丘奇兰德（Patricia Churchland）夫妇。他们将民间心理学类比于"燃素说"——一门伪科学终将被真正的科学取代，伪科学所设定的本体论实体连

---

[1] [美]约翰·R. 塞尔. 心灵的再发现. 王巍译. 北京：中国人民大学出版社，2005：42.
[2] C D. 布劳德在其《心灵及其在自然中位置》一书中曾讨论过一种"彻底的唯物主义"（pure materialism），实际上就是取消主义的。这种观点认为心理状态是一种与世界格格不入的属性，无法用于世界上的任何物体。布劳德对这一观点的反驳也与后来批评者对取消主义的采取的策略相似，即认为这种观点是自相矛盾的，因为它预设了"错误判断"的实在性，而错误判断本身也是精神状态的一种类型。参见：Broad C D. The Mind and its Place in Nature. London：Routledge and Kegan Paul，1925：607-611.
[3] Rorty R. Mind-body identity, privacy and catagoties. Review of Metaphysics, 1965, (19), 24-54.
[4] [美]奎因. 词语和对象. 陈启伟等译. 北京：中国人民大学出版社，2005：252-253. 关于用直接引语消除命题态度的间接引语，按照蒯因所举的例子，"他说那儿有一只兔子"可以合理地翻译成"他说某种对他来说具有'那儿有一只兔子'对我们具有的那种刺激意义"；对于信念也可以用类似的翻译："他相信那儿有一只兔子。"可以翻译成"如果问他，他会同意某一语句，这个语句对它具有'那儿有一只兔子'对我们具有的刺激意义。"

同其概念系统和解释框架都将被抛弃，因此这是库恩所谓的范式革命，而不是一门原科学逐步发展为真正的科学。史蒂芬·斯蒂奇（Stephen Stich）也曾经持相似的观点，但他主张以基于心理句法的认知科学而不是神经科学取代民间心理学。

总之，当代取消主义力图用"奥卡姆剃刀"把心灵和与心灵相关的概念、图式、命题态度、信念、愿望、语言等通通剔除，只留下单一的大脑状态，以及大脑自己的符号和加工机制，不给心灵留有余地。传统二元论中的心灵在此没有任何位置，被完全的物理一元论所取代。

第二节　经典物理主义的核心论题

心脑同一论的出现使物理主义迅速成为心灵形而上学的标准立场，甚至心脑同一论本身也一度成为物理主义的代名词，但随着越来越多的物理主义版本的出现，对物理主义这一概念本身做出界定显得越来越迫切。在较宽泛的意义上，我们可以将物理主义的基本主张表述为：

（P5）物理主义：一切无非（over and above）都是物理的。

这是一个非常笼统含糊的主张，如果不对什么是"物理的"，以及说一个东西无非是"物理的"究竟是什么意思，做出更为明确的说明，这一主张将是空洞琐碎的。然而，各种流行物理主义版本在这些关键问题上都存在明显的分歧，因此要得到一个让所有物理主义者都接受的关于物理主义的严格定义几乎是不可能的。不过，经典物理主义在解决这些问题时仍表现出某种程度的"家族相似"，因此列出经典物理主义较为认同的一些核心论题仍是可行的。

一、随附性论题：最小物理主义

随附性原本是元伦理学中用来描述道德属性与行为之间关系的术语[①]，戴维森将其引入关于心身关系的讨论中，使得随附性成为物理主义中最重要的概念之一。关于随附性论题的表达可以区分两种类型，一种是戴维森式的，涉及高

[①] 一般认为随附性概念的基本含义应归功于摩尔和黑尔。他们认为，伦理谓词是随附性谓词，两个在自然属性方面完全相同的事物应该具有相同的价值。比如，如果两幅画完全一模一样，那么我们就不能其中一幅好，而另一幅不好，因此，"好"和价值谓词都是随附性的。

阶心理事件对低阶物理事件的不同层次间的随附性关系。这种随附性关系意味着："在所有物理方面相同的两个事件，不可能在心理方面出现差异；或者，一个对象如果在物理方面没有任何变化，在心理方面也就不可能有变化。"[1] 因此，随附性在心理和物理之间建立起这样一种关联，从而任何心理层面的变化都是由物理的变化引起的。

关于随附性的另一种描述与层次无关而是将实在描绘成矩阵或马赛克，我们可以不断改变图形的样式，但所有样式的改变都是基于同一实在。比如，大卫·刘易斯在讨论点矩阵图形的例子时指出：

> 一个点矩阵图形具有整体属性——它是对称的、杂乱的、不可名状的——而对整个图形而言只不过是矩阵中每一个位置的加点和不加点。整体属性无非是点的样式。它们是随附的：如果两个图形在某个位置是否有点上没有区别，那么这两个图形的整体属性也不可能有任何区别[2]。

大卫·刘易斯的例子表明，世界的物理属性就好像图形中的点，而世界的心理属性或属性特征就类似于图形的整体属性。正如，图形的整体属性不过是点的样式，心理属性和社会属性也无非就是物理属性的样式。按照随附性的观点，图形的整体属性随附于那些点，如果两个图形的点的排列是相同的，那么它们的整体属性就不可能有差异。类似地，就物理主义而言，如果两个事物的物理方面没有区别，那么它们在所有方面都没有区别。因此，如果物理主义正确，那么一切都随附于物理的。

可见，这两种表述得到的最终结论基本上是相同的，即对"一切无非是物理的"这一基本主张的恰当阐释是"一切都随附于物理的"。考虑到模态的因素，如果物理主义在我们的世界中是真的，那么任何可能世界都不可能在物理方面与我们的世界相同—但在其他方面有区别。这样物理主义的一般随附性论题就可以表述为：

（P6）物理主义在某可能世界 W 中是真的，当且仅当 W 的任一物理摹本其实就是 W 的完全摹本。

也就是说，两个世界不可能在每一物理方面同一—但在其他方面相异。按照布莱恩·麦克劳林（Brian McLaughlin）的说法，随附性就是用"某一方面的相

---

[1] David D. Mental events//David D. Essys on Actions and Events. New York: Oxford University Press, 1980: 214.
[2] Lewis D. On the plurality of worlds. Oxford and New York: Basil Blackwell, 1986: 14.

同"来"排除在其他某些方面存在差别的可能"。[①] 因而随附性从根本上说是一种"依赖-变化"（dependent-variation）的关系，对于随附性关系的例示必不可少的依赖方式是纯粹模型的。随附性论题本身并不意味着在随附性关系中的关系项之间有任何因果或解释关系。另外，(P6) 似乎还意味着：

（P7）关于 W 的物理描述就是关于它的完全描述。

这个论题表明，关于 W 的物理知识是完备的，掌握了关于 W 的全部物理知识也就是掌握了关于 W 的全部知识，因此这个论题通常被称为物理主义的完备性论题。需要注意的是，(P6) 和 (P7) 中都没有出现心理属性，实际上并没有直接表达随附性关系，随附性关系的明确表述需要结合殊型物理主义。

殊型物理主义与属性二元论（心理属性不同于物理属性）是一致的：

（P8）对于每一现实心理属性 M，存在某个物理属性 P，从而 $M=P$。

这既不蕴涵随附性也不被随附性蕴涵，尽管随附性并不必然排除殊型物理主义。二者的区别简单明了，殊型物理主义断言对于每一心理殊型，都存在一个与之同一的物理殊型，而随附性断言，心理属性不会发生变化除非物理属性变化。殊型物理主义本身也没有反映最小物理主义，因为每一具有物理属性的殊型并未排除如下可能：某些殊型具有非随附的心理属性。(P6) 和 (P8) 结合起来可以得到随附性的物理主义论题：

（P9）必然地，如果某个事物具有任意心理属性 M，则存在物理属性 P，从而这个事物具有 P，并且任何具有 P 的事物都具有 M。

关于这一论题有以下几点值得注意：第一，它排除了实体二元论——如果我们假定精神实体是那些只具有精神属性或心理属性的东西。(P9) 表明，任何具有心理属性的必然也具有一个物理的基础属性，所以没有东西只具有心理属性。心理属性因此必然是物理地实现的。第二，无论是何种物理属性实现 M，它对于 M 都是充分必然的。这是由于上面的随附性论题是所谓强随附性版本。第三，无论何种物理属性实现了 M，它都不必然如此。随附性论题是一种非对称性的必要性（necessitation）关系。

基于上述原因，随附性的物理主义可以被看成是一种最小物理主义，是所有形式的物理主义都坚持的共同承诺[②]。尽管物理主义者之间可能存在很多方面

[①] McLaughlin B. Varieties of Supervenience//Savellos E E, Yalcin U D. Supervenience: New Essays. Cambridge: Cambridge University Press, 1995: 16-59.
[②] 还原论的物理主义走得更远，甚至将精神属性同一于物理属性，而非还原的物理主义坚持精神属性是不可还原的。

的区别，但他们原则上都同意随附性的物理主义[①]。

二、因果排他论题：物理主义的经验论证

笛卡儿心身二元论的一个优势在于它能够以合乎直觉的方式解释心身因果交互作用。因果排他论证是基于现代物理学的本体论世界观构建一个一般性论证，用以攻击笛卡儿的交感论，这是一个包含三个前提的论证：

（1）物理因果闭合原则（the principle of the causal closure of the physical）：但凡一个物理状态有一个原因，那么这个原因就是一个完全充分的原因。

（2）心理物理因果关系原则（the principle of psychophysical causation）：某些物理状态的原因中包含了心理状态。

（3）非因果超定原则（the principle of causal non-overdetermination）：如果一个物理状态的原因中包含了心理状态，那么这个物理状态绝不是被心理状态和其他某个物理状态在因果上被超定的结果。（所有物理结果都不是过度决定的）

（4）结论：至少某些心理状态同一于特定物理状态。

前提（1）意味着如果 P 是一个物理状态，它在 t 时刻有一个原因，那么就存在一个物理状态的非空集合（集合中所有物理状态都在 t 时刻是存在的），从而（a）这些状态中的每一个都是 P 的原因，（b）这些状态的合取对于 P 在因果上是充分的。前提（2）是自明的。前提（3）排除了这样一种可能性：只要心理状态 M 是物理状态 P 的一个原因，那就存在另一个物理状态 Q 从而（a）Q 是 P 的一个原因，但（b）即使 M 和 Q 中的一个并不存在，另一个仍然能够充分地导致 P 的存在。

前提（3）排除了因果超定的可能性。假定两个刺客在执行同一任务，在同一时间分别开枪，两颗子弹都对他们的刺杀目标造成了致命伤害，那位被刺者会速死：在这个例子中，被刺受害人的死亡在因果上是被两个射击行动超定的，因为每一个行动都会导致受害人的死亡，但即使其中一个行动不存在，在这一情境下另一个人仍然会造成受害人的死亡。这些前提的目的正是要防止心理状态能够以这种超定的方式成为物理结果的原因，即心理状态的物理结果同时还具有独立的充分的物理原因。

结论（4）是如何从这些前提中得出的？按照前提（2），假定 M 是一个心

[①] Lewis D. New work for a theory of universals. Australasian Journal of Philosophy, 1983, (61): 343-377.

理状态，存在于时间 t，并且 M 是物理状态 P 的一个原因。从前提（1），我们可以得出，存在一个物理状态的非空集合，所有这些物理状态在 t 时刻都存在，它们的合取对于 P 在因果上是充分的，也就是说，这些物理状态共同成为 P 的充分原因，可以将这些物理状态标记为 $P_1, P_2, \cdots, P_n$。最后，假定 P 并非在因果上被 M 和这些物理状态中的任何一个超定，也就是说，假定如下情况并非事实：这些状态中有一个状态 P_i 如果 M 和 P_i 有一个不存在，另一个仍然会与该集合中其他存在的物理状态一起导致 P 的存在。这样的话就只能将心理状态 M 同一于物理状态 $P_1, P_2, \cdots, P_n$ 中的某一个。由于假定 M 并不同一于这些状态中的任何一个，我们已经假定 M 是 P 的一个原因，但我们也已经假定物理状态 $P_1, P_2, \cdots, P_n$ 合起来充分导致 P。因此，我们显然可以推出：即使 M 不存在但所有的 $P_1, P_2, \cdots, P_n$ 仍然存在——（这肯定给出了让 M 不同一于 P_1, $P_2, \cdots, P_n$ 中任何一个的一种可能）——那么 $P_1, P_2, \cdots, P_n$ 仍将充分导致 P 的存在。但这意味着 P 在因果上是被 M 和 $P_1, P_2, \cdots, P_n$ 中的任意一个超定的，这就和我们之前的假设相矛盾。因此，我们必须拒绝假定 M 并不同一于 P_1, $P_2, \cdots, P_n$ 中的任一个，换言之，M 同一于 $P_1, P_2, \cdots, P_n$ 中的某一个，因而结论（4）是正确的。

在这一论证中，最为关键的是前提（1）的物理因果闭合原则，它涉及物理学的完备性（the completeness of physics）：所有的物理结果都起因于物理。这一论证也很简单：如果所有的物理结果都是由于物理，那么一个物理的结果本身也必定是物理的。问题在于这个前提涉及的物理学完备性是一个历史性的学说，并非总是被广泛接受的。特别是，它是在 20 世纪过了几十年才成为科普常识的部分。

但需要注意的是，这一原则并未断言物理主义。物理主义指的是一切都是物理的，但物理因果闭合原则本身并没有说任何关于非物理的东西。它完全是关于物理领域的结构：如果你从某个物理结果出发，那么你永远也不可能离开物理领域来寻找这个结果的充足原因。如果这一原则是正确的，所有物理结果都起因于物理的原因，那么凡是具有物理结果的其本身必定也是物理的。或者说，如果物理因果闭合原则是正确的，那就不允许非物理的东西对物理结果产生影响，因此，任何产生这种影响的东西本身必定就是物理的。

这一思路在 20 世纪五六十年代支持物理主义的哲学家中有着普遍运用。比如，斯马特认为，我们应该将心理状态同一于大脑状态，不然的话，那些心理状态就会是"律则悬垂物"，在行为解释中没有任何作用。类似地，在阿姆斯特朗和大卫·刘易斯的论证中，心理状态是由于它们的因果作用（包括作为行为原因的作用）而被挑出的，又因为我们知道物理状态发挥了这些作用，因此，心理状态必定是同一于那些物理状态。戴维森也论证说，因为决定行为的规律只有那些连接行为与物理上在先的事件，心理事件只有在同一于那些物理上在先的事件时才能是行为的原因。

因果闭合性是物理主义者极为倚重的原则，它的失效将动摇所有物理主义，无论是非还原的还是还原的物理主义。如果因果闭合原则是错误的，某些物理结果并非由在先的物理原因决定，而是由特殊的非物理的心理原因决定，那么①与斯马特相反，心理状态不会是律则悬垂物，而是直接影响行为的产生；②与阿姆斯特朗和大卫·刘易斯相反，通过发挥因果作用挑出心理状态的并不必然是物理状态，而很有可能就是心理状态本身；③与戴维森相反，决定行为的唯一规律并不是那些连接行为与其物理在先者的规律，因为也存在连接行为和心理在先者的规律。

三、结构性论题：物理世界的构成

物理主义的本体论实际上坚持的是物理主义一元论：必然地，所有具有心理属性的东西也都是具有物理属性的东西。坚持物理主义一元论的一个理由是确信所有粒子都是物理的，在此意义上它们都具有物理的部分，完全是由这些物理的部分构成的，除去这些物理部分之后就什么都没有留存了。这一主张被称为物理主义的结构性论题或者物理构成性论题：

（P10）物理构成性：每一个别事物都完全是由其物理部分构成的。

主张这一论题的物理主义者也就被称为构成物理主义者，主要代表人物有查尔斯（David Charles）、佩蒂特（Philip Pettit）和霍根（Terry Horgan）。构成物理主义产生的主要动因源于对随附性的反思。物理主义者虽然普遍接受随附性论题，但让很多物理主义者感到不满的是，仅凭随附性论题还是太弱了，不能完整地描述心身关系，无法真正解决意识问题。

查尔斯认为任何一种随附性概念都无法表达一种物理主义直觉：物理世界是物理地构成的，并且被物理地决定。毕竟现代物理学已经充分证明世界在基本层次上无非是一些微观粒子，任何宏观物体都是由这些微观粒子以某种方式结构而成的，这也是构成心灵的基础。而随附性仅仅表明物理上不可区分则在其他方面也不可区分，并没有表达出构成性的思想，也没有体现出物理或物质的优先性和基础性。因此，查尔斯强调，是构成性而不是随附性表达了物理的优先性[1]。

佩蒂特也表达了类似的观点，他认为物理主义的主张至少应该反映以下两点："首先，经验世界是由物质构成的，这一点物理学提供了最佳说明；第二，经验世界由物理学所描述的力与规则所规定。"[2]他进一步指出，这两个观点意味着，"至少在某种意义上，经验世界仅仅包含着真正完整的物理学认为它包含的东西；任何未被物理学所明确认识到的东西将仍然归属于物理学的管制，根据这些主张：它将是被物理地构成的并由物理定律支配"[3]。基于这样一种认识，佩蒂特提出了一套以构成性为核心的物理主义的"定义"，这个定义包含四个部分，这里将其简化为三个论题：

（P11）物理实在论论题：存在物理学设定的经验世界和微观物理实体。

（P12）结构随附性论题：经验世界中的一切要么本身就是微观物理实体，要么由微观物理实体以某种方式结构而成，要么随附于微观物理实体或者由微观物理实体结构而成的宏观实体。

（P13）层次律则论题：存在决定一切的微观物理学规律，在微观领域发挥作用的规律并不以宏观层次的规律为前提。

佩蒂特认为，微观物理实在论的立场使物理学比其他科学更具包容性，它并不将自身局限于经验实在的特定范围（如心理学和生物学），也不将自身局限于只研究比复杂性的特定层次的更高的经验实在（如化学，只研究原子层次以上的）。这一立场还可以使物理主义避开一些麻烦。首先，它可以对当前物理学的正确性保持某种乐观，但又不必纠缠于物理学就其目标而言究竟达到了何种程度的正确性，它甚至可以承认，微观物理学有可能同意说在直觉上看来具有物理特性的实体并不具有直觉上的那种物理特性。其次，它可以在如何恰当地表述物理学特别是微观物理学方面保持中立，比如，它可以认为微观物理学是对微观粒子的研究，也可以赞成通过"力场"概念来表述。此外，由于将微观物理学理解为亚原子层面的物理学，对于微观物理粒子能够达到何种（细小或简单的）程度及是否存在最小或最简单粒子等具体问题它可以保持开放的立场。最后，与（微观领域与其他层次之间的）非突现的观点相一致，它可以以非原子论的方式理解微观物理领域，它可以相信某种关系的、微观物理的属性（除

---

[1] Charles D. Supervenience, composition, and phisicalism//Charles D, Lennon K. Reduction, Explanation, and Realism. Oxford: Claredon Press, 1992: 293.
[2] Pettit P, A definition of physicalism. Analysis, 1993, (53): 213.
[3] Pettit P, A definition of physicalism. Analysis, 1993, (53): 213.

了时空属性）是基本的。与非涌现的观点相一致，它甚至可以相信那种观点并未断言微观物理领域内部不同层次之间的关系。

结构随附性论题表明，关于世界的构成方式实际上仍是一个悬而未决的问题，但可以确定的是高阶属性的确随附于低阶属性，随附性提供了构成性必须满足的约束性条件。如果两个事物之间存在本质上的区别，或者同一事物在不同时间有本质的区别，那么他们之间必定存在微观物理上的区别。宏观差别是微观差别造成的，或者按照通常的说法，宏观物理的东西随附于微观物理的东西。

佩蒂特认为，以非实在论解释物理学的人将无法接受物理实在论。结构随附性论题主要用来排除二元论，因为二元论者认为经验世界中存在并非由微观实体构成的东西，如笛卡儿式的心灵。还有一些人认为构成并不必然是守恒的：这就允许两个构成相同（相同材料以相同的方式构成）的实体彼此存在本质上的区别而不需要额外的解释。

层次律则论题试图表明不同层次的规律及其相互关系，但并没有说明应该如何确切地理解规律，也没有说明这些规律以何种方式发挥作用。但它并不是说微观物理实体的行为完全是由微观物理规律决定，只是说存在某些发挥支配性作用的微观物理规律。微观领域的规律是因独立的原因而获得的，不论这些原因具体是什么。它也允许说这些规律的使用最终是由微观物理实体之间的关系而非它们的原子属性。如果存在宏观规律，那么这些宏观规律并非微观层次规律的补充，进而弥补了那些规律遗漏的部分，它们也不是独立于微观层次的规律：它们不会与之相冲突，也不会加强它们，而是一种额外的支持。

关于宏观规律的主张涉及物理主义和反物理主义的争论，因为如果存在任何宏观规律，那么这些规律归根结底必定会对微观实体的行为构成约束和限制。它们支配由微观物理实体构成的事物，这样的话，它们必定会对其中的微观物理成分构成某种约束。但如果宏观规律约束微观物理实体的行为，那么就有这样的问题，它们如何与微观物理规律发生关系。

物理主义可以否认存在任何宏观规律。但这种观点没多少吸引力，更合理可行的观点是承认宏观领域和微观领域一样都存在规律，但否认说宏观规律独立于微观秩序。宏观规律不是微观规律的补充，并且宏观规律并不是在独立的基础上实现的。这样的话，满足宏观规律将不会导致与微观规律的冲突。因此，满足宏观规律的在先性以微观规律的捍卫为前提，宏观规律无论如何客观，无论如何引入注目，都是由微观规律建立的秩序确定下来的。

值得注意的是，这种物理主义者否认如下情形，即出现在宏观层次的规律是新奇的，或者与新奇的力相联系（第二个主张中提到的限制性条件）。这种观点认为，在与我们的世界相类的世界中，限制性条件（偶然地）得到满足，因而捍卫宏观物理对微观物理的一种非临时但偶然的随附性。其全部立场可表述为：一旦确定宏观的和微观的物理规律，那么与我们的世界相类的可能世界的所有关键特征也就都确定下来了；也就是说，那个世界中能得到的全部其他规律、全部条件——全部初始条件——也就确定了。这就使那些规律和所有事物的发生都遵循规律。

第三节 经典物理主义的内部争论

经典物理主义在对心智现象的解释方面出现了很多分歧，在一系列重大问题上始终无法达成共识，如心理状态是否能够还原为物理状态？物理知识与心理知识之间的蕴涵关系是先天的还是后天的？围绕这些问题展开了大量的争论。

一、还原还是非还原

在随附性概念提出之前，物理主义基本上体现为还原主义的观点。殊型物理主义（属性二元论）、类型物理主义（同一论）都是本体论的还原主义，因为它们将心理状态和过程还原为物理状态和过程。还原的物理主义与取消主义是不相容的——后者否认心理状态的存在，因而也就无所谓还原。

所有这些类型的还原物理主义都是基于如下观念：世界中的一切都实际上可以被分析地还原到它们的基本物理或物质基础。这也是为什么物理主义往往可以与唯物主义交替使用的原因之一。这两个术语都意味着所有有机和非有机过程都可以诉诸自然律而得到解释。问题在于当我们试图澄清物理主义是否必须是还原的物理主义时发现手上有不止一个还原主义的版本，这就不得不首先对还原主义的进路做一番考察。大体上看，还原主义有以下四种进路。

第一种进路是概念分析或还原分析。当哲学家试图提供对概念或观念的一种分析时，他们往往试图提供相关概念的还原分析，即用其他术语来分析以避免解释上的循环。这一进路用于心灵哲学和物理主义，自然就得出：每一个心理概念或谓词都被分析为物理概念或谓词。

（P14）还原主义是真的，当且仅当对于每一心理谓词 F，存在一个物理谓词 P，从而使得具备"x 是 F 当且仅当 x 是 P"这一形式的句子分析地为真。

说这一做法是心灵哲学中的重大创新毫不为过,这一策略在很大程度上是功能主义者和认知科学家提出并发展的。而在斯马特之前甚至没有物理主义者采取这种方式;按照罗素的建议,斯马特假定,除了物理表达式之外,还存在一类话题中立的(topic-neutral)表达式,即这些表达式既不是心理的也不是物理的,但与任何理论的联合都会极大增强该理论的表现力。斯马特建议可以以话题中立的术语而非物理术语来分析心理表达式,这实际上会导致物理主义者拒绝(P14)。

第二种还原的观点是从科学哲学家解释理论间还原的努力中衍生出来的。这种还原观的经典表述是恩斯特·内格尔(Ernest Nagel)提出的。内格尔说,一个理论被还原成另一个理论,当我们能够从第二个理论及一套桥接律得出第一个理论。所谓桥接律指的是衔接被还原的理论与进行还原的理论的谓词的规律。如果心理学是被还原理论,神经科学是进行还原的理论,那么这一观点可以形式化表述为:

(P15)还原主义是真的,当且仅当对于每一心理谓词 F,都有一个神经科学谓词 P,从而使具备"x 是 F 当且仅当 x 是 P"这一形式的句子表达了一条桥接律。

但同样地,为什么物理主义者需要接受(P15)意义上的还原是真的?很多哲学家已经表明,存在很强的经验理由拒斥任何类似(P15)的主张。理由是,相同心理过程可能涉及很多不同的神经过程,而按照当代认知科学,很多非神经的过程也可能涉及相同的心理过程。但如果可多样实现性是真的,那么(P14)就似乎是错的。[1]

第三种还原主义具有更多的形而上学意味,按照这一观点,还原主义意味着心理学理论中的谓词所表达的属性同一于神经科学理论中的谓词所表达的属性——换言之,这一版本的还原主义本质上其实是某个的版本的类型物理主义或同一理论。

但是,正如我们所看到的,如果物理主义者仅仅承诺随附性的物理主义,他们并未承诺类型物理主义,因此一个物理主义者不必是这种形而上学意义上的还原论者。

第四种还原主义与之前三种的不同在于,它涉及这样的问题,即心理陈述是否从非心理陈述中先天地得出。这一观念可表述为:

---

[1] 参见:Fodor J. Special sciences. Synthese,1974,(28):97-115;Kim J. Mind and supervenience. Cambridge:Cambridge University Press:1993.

（P16）还原主义是真的，当且仅当对于每一心理属性 F，都存在非心理属性 P，从而使得具备"如果 x 是 F，那么 x 是 P"形式的句子是先天的。

这一论题说的是，如果还原主义是真的，先天知识本身加上关于物理真理的知识，将允许人们获知心理真理。这个问题实际上是当代哲学中一个非常恼人的问题。但是，这个问题的争论往往是在另一背景下展开的，即先天物理主义和后天物理主义，这一问题将在第一章第三节第二部分中讨论。

物理主义的早期形式大都是还原主义的，但自戴维森引入随附性概念之后，非还原的物理主义开始更流行。非还原的物理主义主张：虽然心理属性是物理的，但却不能还原为物理属性。戴维森提出的异态一元论就是一种非还原的物理主义。一般认为随附性的物理主义也是一种非还原的物理主义，因为心理事件是随附于物理事件而不是还原为物理事件。比如，如果我们接受随附性的物理主义，某人感觉到的疼痛将随附于 C-纤维肿胀。如果我们接受还原的物理主义，那么疼痛就是那些 C-纤维肿胀。

不过，随附性论题有时候仍被理解为一种还原论论题。这是因为说 A 方面随附于 B 方面，就是说在人们在确定所有的 B 方面之后，A 方面在某种意义上就是冗余的或已经暗中被指定的。阐明这一点的通常方式是：如果 A 方面随附于 B 方面，那么 A 事实无非就是 B 事实。我们关于 B 事实的知识当然可能有欠缺，即使我们拥有关于 A 事实的知识，但一旦 A 事实得到确认，B 事实也就确认了。[1]

突现论在 20 世纪初期一度很流行，它也是一种非还原的随附性理论，但这种随附主要发生在不同层级之间，而不是同一层次的不同样式。不同层级之间彼此几乎是完全异质的，如心理的和物理的，因此这是二元论的一种形式，而经典物理主义本质上被认为是一元论的。

非还原的物理主义在某些生物学家和生物哲学家中尤其盛行[2]，主要代表人物有菲利普·基切尔（Philip Kitcher）和艾略特·索伯（Elliot Sober），他们认为所有的生物事实都是由物理事实确定的，但生物属性和规律随附于大分子排列的多重实现，因而不可能还原为物理的。

可以看出，还原主义始终和某种形式的同一论联系在一起，而非还原的物理主义则需要为心身关系提供新的描述。无论如何，在本体论层面上它们都坚

---

[1] 这种类型的一个例子是大卫·刘易斯所提供的一个随附性观点，即他所谓的"人类随附性"理论。
[2] 亚历山大·罗森博格（Alexander Rosenberg）在 1978 年将戴维森的理论引入这一领域，但之后他开始反对非还原的物理主义。

持除了物理实体外不存在任何精神实体，分歧在于如何使心理解释符合第一章第二节中概述的物理主义科学世界观。

二、先天可知还是后天可知

物理主义者当然坚持物理主义是真的，但由此产生的一个问题自然就是，这一点是先天可知（独立于或者说不依赖于任何经验探究）的还是后天可知的，对这一问题的回答就构成了先天物理主义和后天物理主义的区别。为了使这一点更为清楚，可以假定陈述 S 描绘了世界的全部物理本质，陈述 S^* 描绘了世界的本质，根据物理主义的完备性论题（P7），就会得到：S 必定蕴涵 S^*

也就是说，如果物理主义是正确的，那么下面的条件句就是必然的。

（P17）如果 S，那么 S^*。即 $S \rightarrow S^*$

问题在于，如果（P17）是必然的，那么这种必然性是先天可知的还是后天可知的？按照康德所建立的传统认识，先天性和必然性被认为是共外延的甚至是同义的，这样的话（P17）的必然性就是先天可知的。大卫·刘易斯和丹尼特主张先天物理主义，认为只要给定所有关于世界的物理事实我们就能先天地推出心理事实。[1]这就是说，关于物理世界的事实必定在概念上蕴涵心理事实。但这种先天物理主义与我们的直觉有着明显的冲突，正如克里普克在《命名与必然性》中指出的那样，大脑状态和心理状态之间的对应性（也就是同一论者所谓的同一性），具有一种明显的偶然性，因此他一直强调"身体状态在没有与之相对应的心理状体的情况下存在的可能性或明显的可能性"，而相反的可能性，即"在没有身体状态存在的情况下心理状态存在"显然也为同一论带来巨大的困难[2]。而正是由于克里普克，物理主义找到了另一种方式来解决这个问题，也就是克里普克的后天必然性，从而形成后天物理主义。

后天物理主义典型的主张是，我们至少有两种不同的概念用来考察现象经验。我们可以在物理概念（如 C-纤维肿胀）之下思考我们的经验，也可以在现象概念（疼）之下考虑。这两种概念具有相同的指称（一种大脑状态）。由于克里普克对后天必然性的解释有两种颇为不同的方式，因而物理主义者对（P17）

---

[1] 查尔默斯将这种类型的物理主义称为 A 型物理主义，主要支持者主要有丹尼特、德雷斯克、哈曼、大卫·刘易斯、哈曼、赖尔等，后天物理主义则被称为 B 型物理主义，主要支持者有布洛克、斯道纳克、列文、佩里、帕皮诺、莱肯等，参见 Charlmers, D. Consciousness and its Place in Nature.// Charlmers, D. The character of consciousness, New York: Oxford University Press, 2010: 111-118.

[2] Kripke S. Naming and necessity.Cambridge: Harvard University Press, 1980: 54.

的必然性的解释也存在两种方式，但这两种方式要么是自相矛盾的要么是希望渺茫的。首先，按照第一种解释，后天必然真理是从后天偶然真理中先天地得出的。按照第二种解释，存在不从任何偶然真理中得出的后天必然真理。问题在于，将第一种解释与（P17）的后天必然性结合起来就会造成矛盾。

如果第一种解释是正确的，那么就会存在某个偶然的后天陈述 $S^\#$，它在逻辑上蕴涵（P17）。写成公式即：

（P18） $S^\# \rightarrow (S \rightarrow S^*)$

然后得到先天必然陈述：

（P19） $S^\# \wedge S \rightarrow S^*$

另外，如果物理主义是真的，并且 S 囊括了世界的全部本质，那就有理由假定 $S^\#$ 已经内隐地包含在 S 中。换言之，有理由假定（P19）只不过是（P17）的扩展。但如果（P19）仅仅是（P17）的扩展，那么如果（P19）是先天的，（P17）必定也是先天的。但这就意味着初始假定是错的：（P17）根本就不是后天必然性的。[①]

这样的话，后天物理主义似乎只能转向第二种解释。但问题在于，后天必然性的这两种解释中哪一个是正确的，这是当代分析哲学中高度争议性的问题。更重要的是，不论后天必然性本身是否成立，物理主义将心身关系中的同一性与"水是 H_2O""热是分子运动""启明星是长庚星"等后天必然性的典型例子作类比本身就是不恰当的。托马斯·内格尔认为，后天物理主义的类比是错误的，心理状态如何是大脑中的神经活动，这个问题与"水如何是 H_2O"以及"基因如何是 DNA"的问题是完全不同的[②]。甚至连克里普克也反对同一论者的将心身关系中的同一性与后天必然的科学同一性混为一谈。

[①] Jackson F. Postscript on qualia//Ludlow P, Nagasawa Y, Stoljar D. There's something about Mary: Essays on phenomenal consciousness and frank jackson's knowledge argument. Cambridge: the MIT Press, 2004: 417-420.
[②] Nagel T. What is it like to be a bat//The Philosophical Review, 1974, (83): 435-450.

第二章 基于现象性质的反物理主义论证

经典物理主义关于心身或心脑关系的一系列主张对传统的心灵形而上学造成了巨大冲击。与此同时，随着神经生理学、人工智能、分子生物学等相关认知科学的迅速发展，大脑和人体的秘密正在逐步被揭开。在这一过程中，认知科学的实证研究正在不断侵占心灵形而上学的领地，传统的心身关系问题也在这一背景下迅速转变为心脑关系问题的讨论，并最终聚焦于意识问题。

值得注意的是，不论是否支持经典物理主义的基本立场，"科学地研究意识"成了被研究者广泛接受的一种普遍共识。因此，不论是二元论者还是物理主义一元论者，在此意义上都是自然主义者。在关于意识问题的争论中，意识的现象特征是目前最令人困惑的问题，成为物理主义和反物理主义争论的焦点。

第一节 现象性质与意识的困难问题

意识的现象性质的发现引发了现象性质的实在论，进而使现象意识成为物理主义无法回避的困难问题。

一、现象性质的两种表述

一般而言，意识的现象性质或现象属性（phenomenal character）[①]主要是指意识的主观感受性，即经验过程中内在地呈现或显现出来的可感受的性质和特征。指涉现象性质的概念被称为现象概念。因此当我以"疼"指称一个经验时，我就是在使用现象概念。现象性质往往强调感受到的或体验到的经验本身的性质或质的特征，而这种特征具有明显的主观感受性，因此常常也被称为"经验的主观特性"（subjective character of experience）、"质性特征"（qualitative character），这些可以看成是现象性质的一般性表述，现象性质有两种颇不寻常的表述，一个是"感受质"[②]。另一个是"究竟像是怎样的"（what it is like）[③]。

在表示意识的现象性质的这些概念中，"感受质"的使用或许是最为广泛的。这个概念最初由C. I. 刘易斯首先引入，表示"所予的可识别的质性特征"。C. I. 刘易斯在阐述这个概念的时候使用的例子是红色、蓝色、圆、响声等。尽管这些表示感受质的谓词也能够用于指示物理对象的物理属性，但C. I. 刘易斯明确指出，物理对象的这些属性并非感受质，感受质仅仅是所予的属性。比如，硬币的圆形不是一个感受质，但如果我们直接经验到硬币，那么硬币的圆形是我们视觉经验中的直接呈现，这才是一个感受质。因此，C. I. 刘易斯引入的这个概念往往也被用来指称所予质性特征的例示。可见，至少从发生学角度看，现象性质与所予存在着密切的关联，尽管现象性质的支持者并不承认二者之间有直接联系。

现象性质典型地包含疼痛、视觉经验、气味等。现象性质的特殊之处就在于，一个现象性质就是一个经验凭借经历该经验"究竟像是怎样的（感受）"而具有的性质。"究竟像是怎样的"这个短语常常被认为是关于现象性质的标准描述，在很多情况下甚至作为现象性质的替代用语直接使用。这个短语在英文中至少有两层意思。我们可以说"这个东西闻起来像是醋"（It smells like vinegar），在这种情况下我们是在将事物作类比，说出事物之间的相似之处。但这不是现

[①] 也称现象学性质或属性，但这里的现象学不是胡塞尔等所说的现象学，而是汉密尔顿、皮尔士等所理解的现象学，即对经验中被给予、被观察到的任何性质、特征、材料的描述和研究。
[②] 由于这些概念之间的细微区别并不对本书的讨论有实质影响，所以这些概念在本书中的使用是可换的。
[③] 这个短语的翻译是困难的，字面上看可以译为"看上去像是什么？"但在中文语境中采取这种一刀切的译法会让人感到比较怪异，由于其大意指的是对一个经验的体验或感受内在地"是怎样的"，用口语化表达则相当于说"那究竟是怎么回事"。

象性质意义上的"what it is like"。现象性质意义上的"what it is like"体现在如下方式的提问中:"闻起来像是醋究竟是怎样的?"(what it is like to smell like vinegar),或者,看见红色究竟是怎样的?也就是说,经验主体在经历一个经验的时候,内在地究竟是什么样子?

因此现象性质意味着,存在关于经验的某种事实,它比经验的所有其他性质或属性都更重要——如果将现象性质看成是经验的属性的话——即拥有或经历这样一个经验究竟是怎样的,这种事实正是使经验成为经验的东西,没有它,经验也就不会是一个经验。也就是说,当且仅当一个心理事件具有现象特性,它才是经验。

维特根斯坦在《心理学哲学评论》中已经注意到经验与表达式"what it is like"之间的关系:"经验或正在经验的内容:我知道牙疼是怎样的,我亲知到这种疼痛,我知道看见红色、绿色、蓝色、黄色是怎样一回事,我知道感觉悲伤、期望、害怕、欢喜、喜爱是怎样的……"[①] 这里,维特根斯坦将"what it is like"看成是经验本身或正在经验的内容,这样看起来经验与经验的内容似乎是直接同一、不可区分的。克里普克在《命名与必然性》中也表达过类似的观点,以疼痛为例,他说:"疼痛不是由它的一个偶然特性来标示,而是由疼痛性质本身,即由它的直接的现象性质来标示的。"[②] 也就是说,我们无法区分疼痛本身和对疼痛的感觉,因为经验直接就是经验的内容。不过克里普克仅仅关注的是同一性问题,因此并没有深究经验的这种现象特性,也没有使用"what it is like"来描述经验的这种现象特性。关于这一问题更具影响力的探讨无疑首先应归功于托马斯·内格尔:

"有意识的经验是一种很普遍的现象。它出现在动物生命的许多层级上,尽管我们无法确定它是不是也出现在更简单的有机体上,也很难说原则上有什么能证明它。(一些极端主义者试图否认它出现在人以外的哺乳动物身上。)毫无疑问,它以我们无法想象的数不胜数的形式出现于整个宇宙的其它太阳系的其他行星上。但无论其出现的形式如何变化,有机体具有有意识的经验这一事实毕竟意味着:从根本上说,存在这样的某种东西,即成为那个有机体是怎样的。"[③]

这里,托马斯·内格尔将现象性质看成是有意识的经验的本质:一个心理

---

① [奥] 维特根斯坦. 维特根斯坦全集. 第九卷. 心理学哲学评论. 涂纪亮译. 石家庄:河北教育出版, 2003: 35.
② Kripke S. Naming and Necessity. Cambridge:Harvard University Press, 1980:152.
③ 高新民, 储昭华. 心灵哲学. 北京:商务印书馆, 2002:106.

事件要成为一个经验仅当存在主体经历该事件的现象性质。他认为，心灵哲学当前流行的纲领，也就是，经典物理主义的各种还原主张在意识的解释上都是失败的，因为那些理论都无法解释意识的现象性质或者主观特性：

> "对于心理的东西，我们所熟悉的、近来设计的还原分析并不能反映这种主观特性，因为所有这些分析都只能在逻辑上与主观特性的缺失相容。主观特性不能以任何功能状态的解释系统来分析，因为这些状态也可以归于那些可以举止如人但却经验不到任何东西的机器人或自动机。出于类似的理由，主观特性也不能分析为经验在与典型人类行为的关系中发挥的因果作用。我并不否认有意识的心理状态和事件导致了行为，也不否认可以对它们进行功能描述。我只是否认这类做法穷尽了对它们的分析。如果要使物理主义得到辩护，那就必须给出现象特性本身的物理解释。但当我们考察他们的主观特性时（就会发现），这样一种结果似乎是不可能的。"[1]

现象性质之所以能够对经典物理主义构成严重威胁，关键在于，它被看成是与物理属性完全不同的一种属性，如果承认其实在性，物理主义者将不得不接受某种形式的属性二元论。

二、现象性质的实在论

所谓现象性质的实在论，也被称为现象实在论，主要包含以下两个方面的主张。

（1）存在现象性质/属性，这种属性将心理状态归结为"具有这种心理状态究竟是怎样的"（what it is like to have them）。

（2）现象性质/属性不能概念地还原为物理属性或功能属性（或者同样地，现象概念不能被还原为物理概念或功能概念）。

按照现象实在论，存在关于成为一个有意识的主体究竟是什么样子的真理，这种真理并不先天地蕴涵于关于该主体的物理真理和功能真理。

关于现象实在论的论证主要有以下两种。

（一）现象实在论的幻觉论证

肝炎患者吃蜂蜜有时候会觉得苦，但同样的蜂蜜在其他人吃起来肯定和平

---

[1] Nagel T. What is it like to be a bat. The Philosophical Review, 1974, (83): 160.

时一样是甜的。这样看来，说蜂蜜是苦的是完全不合理的。但对于肝炎患者而言，这种苦并非虚构幻想出来的，而是确切真实的经验感受或体验。如果苦不能被归于蜂蜜，那就只能归于别的什么东西——味道，即在遭受肝炎之苦的时候吃蜂蜜所引起的那种经验。

人们在商店买衣服的时候都有这样一种经验，那就是对颜色的挑选必须考虑到室内灯光的影响，否则极有可能发生差错。虽然衣服本身的物理和化学属性及状态除了所处空间的区别之外完全没有任何改变。显然，这时候我们也不能说衣服本身的颜色发生了改变，但同样地，有某种颜色的改变真切地发生了，这也不是虚构和杜撰出来的，这种变化和区别被归结为光线变化导致的颜色经验的改变。

在上述这类例子中，我们都需要把"质性"归于一般物理对象之外的别的某种东西，正是这些东西影响了我们的感觉器官并引起了我们的经验。这种"质性"就是经验的现象性质，幻觉论证所建立的主张对于现象实在论是十分关键的。如果我们在挑选衣服颜色发生了失误，那么我们似乎就是被某种现象性质误导了，也就是说，这种现象性质使我们形成了错误的信念。但是，关于经验的现象性质本身我们并没有发生任何错误，也就是说，关于错误信念的形成，感受性质与一般物理对象之间存在明显的区别。因此，幻觉使我们能够很方便地关注这种与物理对象的性质大异其趣的现象性质。当然，这并不意味着我们只有在被幻觉欺骗的情况才具有现象性质。

现象性质的另一个特征在于，它不仅有别于作用于我们感官的一般物理对象的属性，也不同于我们的感官本身的属性，以及感官刺激所引起的神经活动的属性。现象性质实在论承认，特定神经活动使我们的经验具有了某种现象性质，一方面，没有人会认为这些现象属性是神经活动或神经事件的属性；另一方面，在一般的经验中呈现或显现给我们的东西完全不具有实际神经事件所具有的那种复杂性。因此，现象性质的实在论很容易将现象性质和作为物理的东西的神经事件区分开来。

（二）现象实在论的科学论证

当我们看到有颜色的物体表面时，我们的视觉就经验到了某种颜色。在这个过程中，物理学能够提供的解释是，物体表面是由原子以及原子构成的分子的组合而成的，而原子和分子本身是没有颜色的。分子吸收与自身振动频率相同的光波，同时反射其他波长的光。这些光作用于视网膜的视锥细胞，进而导致一系列的神经活动,并最终产生视觉经验。在这种科学解释中,充斥着各种物理学专业术语,但没有一个是和颜色有直接的关系,除了最后一步告诉我们的:经过如此这般的(物理)过程,最后就看到颜色了。显然,物理学所揭示的仅仅是现象性质发生的条件,而不是作为经验的"质性"特征的现象性质。

当然,物理主义者可以回应说,有颜色的物理的对象是存在的,正是它们引起了我们的某种颜色经验。因此,当一个对象总是能够在视觉功能正常的人中引起一种绿色的经验,那么显然我们可以合理地说,这个对象是一个绿色的物理对象。但问题在于对"绿"的经验或感受本身并不反射光线,因而不能引起绿的经验,因此我们还是有必要区分现象的感受特性与物理对象的属性。

幻觉论证和科学论证都是现象性质的经验论证,其目的在于将现象性质与物理性质区分开,表明现象性质既不同于引起现象性质的物理对象的属性,也不同于感官本身的性质。这种区别的形成的根源被认为是现象性质所具有的明显的主观性,丹尼特将这种主观性归结为以下四个方面:①不可言喻性;②内在性;③私人性;④理解的直接性。[①] 所谓不可言喻性指的是难以用语词或概念来恰当地指称或描述通过经验呈现出来的现象性质。比如,日常语言中的表达式"这个颜色看上去好红啊",或者"看见你我感到很高兴",虽然表示现象性质的谓词"红"及"高兴"加上了表示程度的副词,但我们仍然很难通过这样的语言确切表达当时感受中的现象性质。所谓内在性指的是现象性质只能通过内省的方式获知,而这一点同时也决定了现象性质的私人性,也就是说,特定现象性质只能被拥有该现象性质的主体感受到,而理解的直接性意味着现象性质是在经验中直接显现或呈现出来的,不依赖任何理性反思和推论。现象性质的这些特征为物理主义的解释制造了巨大障碍,从而导致了意识的困难问题。

三、意识的困难问题及其实质

意识问题的复杂性使哲学家和科学家相信,对意识问题做出一些区分是有必要的并且是有益的。而现象性质的主观性使它在意识问题所涉及的众多主题中显得尤为特殊,成为意识问题中最令人困惑的部分。查尔默斯在 1994 年召开的第一届"走向意识的科学"图克森会议上提出了意识的困难问题(the hard

---

[①] Dennett D C. Quining qualia//Goldman A. Readings in philosophy and cognitive science, Cambridge: the MIT Press, 1993: 381-414.

problem）和容易问题（the easy problem）的划分，立刻引起广泛共鸣。在题为"勇敢地面对意识问题"的发言中，查尔默斯一开始就指出，"为了推进意识问题的研究，我们不得不直接面对它。在本文中，我先把该问题真正困难的部分独立出来，即把它与更易于处理的部分分开，并说明它为什么如此难解"[1]。这就是著名的困难问题和容易问题的区分。他认为意识研究中较容易的问题是"可直接接受认知科学的标准方法处理"的问题，而真正困难的问题是关于主观经验的问题，也就是现象性质的问题：

> "容易的问题之所以容易，显然是因为它们涉及的是对认知能力和功能的解释。而要解释认知功能，我们只需要具体说明能够实现功能的机制就够了。认知科学的方法最适合于这类解释，因此也适合于关于意识的容易问题。相比较而言，困难问题之所以困难，主要是因为它不是关于功能执行的问题。即使所有有关功能的执行都得到了解释，该问题依然如故。"[2]

可以看出，困难问题和容易问题的区分当时主要是针对功能主义。这种理论认为，不论是一般的心理状态还是特殊的意识，都可以通过它们在因果链条或者因果网络中发挥的作用或功能来解释，因而意识无非就是一些功能的执行。查尔默斯承认，意识现象中有些是可以还原为功能的，但并非所有的意识现象或意识状态都可以做这样一种还原，如果说存在某种关于意识的事实是功能主义无法解释的，那首先就是意识的现象性质。

> "使困难问题成为困难的、独一无二的问题的东西是：它远远超出了功能执行的问题。要明白这一点，只须注意到：即使我们解释了与经验毗邻的所有认知和行为功能的执行——知觉分辨，范畴化，内在通道，语言报告——仍可能存在一个进一步的、未回答的问题：为什么这些功能在执行时有经验伴随。只简单地解释功能对这个问题是无济于事的。"[3]

查尔默斯认为，在与意识有关的研究中，认知的具体的物理机制并不是哲学家关注的核心，这些都属于容易问题，而困难问题要解释的是这些东西何以伴随着主观的现象性，这就超越了关于不同行为和功能是如何产生的所有的机制问题。查尔默斯在苏珊·布莱科莫尔（Susan Blackmore）对他的访谈中曾经表示，他本人并不认为他的这个区分有多少原创性和深刻性，因为每一个认真

---

[1] ［澳］大卫·查尔默斯.勇敢地面对意识难题//高新民，储昭华.心灵哲学.北京：商务印书馆，2002：360.
[2] ［澳］大卫·查尔默斯.勇敢地面对意识难题//高新民，储昭华.心灵哲学.北京：商务印书馆，2002：364.
[3] ［澳］大卫·查尔默斯.勇敢地面对意识难题//高新民，储昭华.心灵哲学.北京：商务印书馆，2002：365

探索意识问题的人都知道真正困难的问题就是主观经验问题，并且数百年来人们一直也是这么认为的。他只是给这种明显的东西贴了个标签而已。但不可否认的是，他的这一区分的确产生了很大影响，或许也大大超出了查尔默斯本人的估计。

对于困难问题的反应主要有四种态度。第一种态度是取消主义和同一论所采取的否定态度，不认为存在这样一种区分，不存在所谓的困难问题。第二种态度是对困难问题的悲观态度，比如，托马斯·内格尔曾经坦承，关于现象性质的研究不知道该如何下手[1]。科林·麦金（Colin McGinn）则认为这个问题没有解决的可能，人之于困难问题就好比猴子之于量子力学，其难度之难已经超出人类认识能力的范围[2]。第三种采取了暂时回避的态度，比如，哈拉（Kieron O'Hara）和斯科特（Tom Scutt）提出一种观点认为，既然困难问题现在还无法解决，那么就困难问题做一些无谓的形而上学争论是没有必要的，倒不如专注于容易问题，或许凭借认知科学的线索，在未来某个时候困难问题也会迎刃而解[3]。这一观点显然并未理解困难问题和容易问题之间的区分，容易问题的解决并不会导致困难问题的解决，因为困难问题和容易问题的区别并不是同类问题的难易程度的不同，而在于它们是完全不同性质的问题，解决它们的方法也完全不同，至少按照查尔默斯等的观点看来，用行为或功能的还原解释是完全行不通的，即使神经科学完全了解了大脑和身体的全部神经机制，也丝毫不会降低困难问题的困难程度。第四种态度则是查尔默斯所提出的"勇敢面对"，具体来说这一态度包含三个方面：①严肃对待意识，科学研究不应该将意识排除在外，而应该直接面对；②严肃对待科学，物理学科学不应该故步自封，如果现有理论无法提供解释，那就说明需要新的理论；③意识毫无疑问属于自然现象，意识的现象性质必定也遵循某种自然律，只不过这种自然律可能与我们目前所知的自然律有所不同。

第二节　反物理主义论证的几种形式

由于托马斯·内格尔、弗兰克·杰克逊（Frank Jackson）等的工作，意识的

---

[1] Nagel T. What is it like to be a bat. Philosophical Review, 1974, (4): 435-450.
[2] McGinn C. Can we solve the mind-body problem?//Block N, Flanagan O, Güzeldere G. The Nature of Consciousness: Philosophical Debates. Cambridge: The MIT Press, 1997: 529-542.
[3] O'Hara K, Scutt T. There is no hard problem of consciousness. Journal of Consciousness Studies, 1996, (3): 290-302.

现象性质受到强烈关注，越来越多的人意识到目前的物理主义或许并不是充分的，至少在现象性质问题上，经典物理主义无法容纳这一"异类"。因此，出现了大量基于现象性质的反对经典物理主义的论证，其中最有影响力是解释鸿沟论证、知识论证、模态论证等。

一、解释鸿沟论证：有待解释的现象性质

解释鸿沟论证又被译为解释空缺论证，这一论证基于以下认识，即无论物理学或者其他相关科学对包括大脑在内的人体结构功能了解得多么透彻和全面，始终无法解释现象性质的主观特性。因为，正如上文已经指出的，科学解释仅仅涉及现象性质产生的机理和过程，但无法解释现象性质何以具有这样一种特殊的主观性。这就表明现象性质体现出的主观感受特性并没有得到物理学的解释，甚至被排除在科学解释之外。也就是说，在意识的现象性质和大脑的物理过程之间存在着解释鸿沟，这表明物理主义对于这个世界的解释是不充分的。

解释鸿沟论证可以追溯到莱布尼茨的"磨坊（或工厂）论证"（mill argument）：

> "人们必须承认，知觉以及依附于它的东西以机械的方式，即藉助图形和动作，是解释不清楚的。假若我们设想有一台机器，其结构使它可以产生思想、感觉和知觉，那么我们便可能做如此想象：它经过按比例地相应放大，使人能够进入其中，犹如走进磨房那样。以此作为前提，人们在参观其内部时所发现的不外是相互碰撞的个别机件，绝不会看到可以从中解释知觉的东西。"[①]

莱布尼茨要求我们设想的这台机器就是大脑，当科学家研究大脑的工作机制的时候他们所发现的只是一些物理事件，这对于解释经验的性质毫无帮助。列文强调，或许物理主义在本体论上是正确的，但是在认知上却留下了解释鸿沟。这种将本体论上的必然性和认知上的先天性区分开来的做法显然是受了克里普克的影响。不过日常直觉似乎也印证这种解释鸿沟的存在，比如，尤因（A.C.Ewing）列举的一个例子，当把一个烧得通红的铁块放在手上的时候，人们感觉到的与科学家观察到的是完全不同的东西，虽然心理的现象性质与身体的物理特征都属于同一物理对象或实体，但它们在质的方面是完全不同的。

根据上面的阐述，如果假定 P 表达的是有关这个世界的全部事实的物理的

[①] ［德］莱布尼茨.单子论 // 朱雁冰译.神义论.北京：生活·读书·新知三联书店，2007：483-484.

真命题，Q 表达的是关于特定现象事实的命题，那么解释鸿沟论证可构造为如下形式：

（1）如果物理主义是正确的，则 P 是完备的；
（2）如果 P 是完备的，则 $P \rightarrow Q$ 是先天的；
（3）显然，$P \rightarrow Q$ 不是先天的；
（4）结论：物理主义是错误的。

这里前提（3）表达的是解释鸿沟：由物理知识并不能先天地得出现象性质的知识。要拒斥这一前提就要求对一个物理事实的解释必须同时也是对该物理事实所引起或导致的现象事实的解释，或者前者能够先天地或者概念地推论出后者。因此，解释鸿沟论证所针对的物理主义实际上只是同一论和较强的还原物理主义，这就使得这一论证的效力有所局限。物理主义者还对解释鸿沟论证给出了另外两种回应。一是诉诸物理学的成功范例，如丘奇兰德援引光与电磁波的例子说明，即使存在现象事实，它与物理事实之间的认知鸿沟也不是什么值得关注的事情，因为物理学中这种性状迥异的东西的还原比比皆是。二是直接否认物理命题与现象命题之间的有任何关系，将解释鸿沟说成是认知幻觉（cognive illusion）。

总之，从解释鸿沟论证总体上看对物理主义的反驳并不是很有力，如果仅仅局限于现象事实与物理事实之间的认知鸿沟，那么这个论证提出的似乎就只是一个认识论的问题，仅仅对还原论有所影响，而不会波及物理主义的基本论题。如果从认知鸿沟推出本体论的鸿沟，那就需要额外的论证来支持，后面将看到，怪人的可设想性论证试图通过二维语义学来实现这一关键的跨越。

二、知识论证：现象知识不同于物理知识

知识论证是澳大利亚著名哲学家弗兰克·杰克逊提出的著名论证，他试图通过另一种方式推翻物理主义的完备性论题（P7）。这个论证实际上由两个思想实验构成。

第一个思想实验的主人公是具有超强视觉识别能力的弗雷德。杰克逊假设，有两个常人完全无法从颜色上进行区分的西红柿[①]，但弗雷德却能够察觉出它们

[①] 杰克逊在这里的表述其实并不严谨，一方面他假定弗雷德能分辨所有的颜色差异，另一方面他又说每一个成熟的西红柿颜色都不一样，这样的话弗雷德要把一堆西红柿组分为红1和红2两组显然是不恰当的，倒不如直接在开始的设定中说只有两个西红柿。

颜色上的差别，分别标记为红 1 和红 2。在某种意义上这并不是因为红 1 和红 2 颜色过于接近而导致无法察觉，而是因为除了弗雷德之外，所有人都是红 1-红 2 色盲，没有区分这两种颜色的能力，我们之于弗雷德正如红-绿色盲之于我们。因此，弗雷德的视锥细胞能够对这两种颜色的光波做出反应，而我们却做不到。但问题在于，即使我们充分了解弗雷德大脑的一些物理信息，我们还是无法知道他在经验红 1-红 2 时所知道的一切，除非我们把弗雷德的视觉系统全面移植过来并亲眼经历一次。总之，物理主义的描述对于这种经验的解释而言似乎是不充分的。

第二个思想实验的主人公是天才科学家玛丽。她被关在一个只有黑、白两色的房间里。她所接触到的一切都只有黑白两色，无论如何，她通过书本和电视知道了关于世界的全部物理知识。当然，这里的物理知识指的是一切遵循因果规律的知识，而不仅限于狭义的物理学知识。总之，根据完备性论题（P7），如果物理主义是真的，那么玛丽就应该知道关于这个世界的一切知识。但问题在于，事实似乎并非如此，原因很简单，如果将玛丽从黑白房间里放出来，或者把她的黑白电视换成彩色电视，这时候会发生什么情况呢？关键的问题是：她学到了任何她之前未曾了解的新东西了没有？

这两个论证的目的是一致的，都试图表明物理主义的解释是不充分的，但玛丽的论证更受重视，因为它比弗雷德的论证更为简明和直接——一个肯定或否定的回答似乎就能决定物理主义的命运，这里我们也主要讨论玛丽的论证。

玛丽看到的此前从未经验到的新的颜色时，她是否知道了某种新的类似知识的东西呢？按照现象实在论者的直觉，玛丽当然知道了某种新的知识体验，即看到某种新颜色时的感受质。然而，按照物理主义的完备性论题，物理主义者当然不允许玛丽获得关于颜色的任何新知识，他们采取的策略大致有以下几种：①丹尼特认为玛丽知道颜色的感受性质产生的全部物理机制，那么她也能想象正常看见西红柿时会是怎样的感受。丹尼特甚至认为，如果有好事者将香蕉涂成蓝色拿到刚离开黑白房间的玛丽面前，玛丽也能一眼识破，因为她知道蓝色与黄色引起的大脑状态是不一样的，通过对大脑状态的观察，玛丽就能识破恶作剧。不得不说丹尼特的策略是相当无力的，因为首先杰克逊可以说，不论玛丽能否识破，她看到的蓝色始终是一种新知识；而且，玛丽不借助科学仪器的话如何可能直接观察自己和他人的大脑状态呢？②以大卫·刘易斯为代表，认为玛丽学到的是一种能力而非知识，也就是说，玛丽的知识状态从未发生变化，不同之处只在于她获取了一种感受颜色的能力，大卫·刘易斯将这种不同归结为"knowing that"与"knowing how"的区别，就好比让玛丽学习骑自行车或者游泳，即使她学会了这些也并不意味她学到了新知识①。但是仅仅做这样一种区分显然还是不够的，因为"knowing how"不涉及语义内涵但现象概念显然不是这样的。③丘奇兰德认为，知识论证中的"知道"这一概念混杂了两种不同用法，一种是对物理命题知识，一种是对现象性质的亲知的知识，并且他认为这种知识最终会被抛弃②，这显然是基于他的取消主义立场。

关于知识论证的讨论在当代心灵哲学中一直在持续，这一论证的优势在于它通过生动的思想实验以强烈的直觉对物质主义的完备性论题提出质疑，但这同时也暴露出该论证的一个缺陷：它并不是直接攻击物理主义的本体论主张，而是通过物理知识的不完备性来质疑物理主义。而杰克逊从知识论证引出了他的副现象论主张，认为这是最有前景的物理主义版本，关于知识论证与副现象论的问题我们将在第五章进一步讨论。

三、模态论证：现象性质的直接同一性

模态论证是克里普克提出的，这一论证建立在他的固定指示词理论的基础上。因此，在讨论他的模态论证之前有必要先了解他的专名理论和可能世界主张，这就需要从他对后天必然性的阐述开始。

自康德以来，人们习惯于将先天性与必然性等同、后天性与偶然性并举，认为分析命题毫无疑问是先天的、必然的，而综合命题或者说经验命题是后天的、偶然的。不过这种传统区分也逐渐受到哲学家的质疑，如蒯因对经验主义两个教条的批判，其中一条就是针对分析与综合的区分。克里普克则建议严格区分本体论领域与认识论领域，在此基础上他否认先天性与必然性之间存在内在关联，认为先天性、后天性、必然性与偶然性这些概念之间可以存在重叠，而后天必然性就是这种重叠的结果。不过，后天必然性这一概念看上去的确令人困惑：假定 S 为后天必然命题，既然 S 是后天的，那么 $\sim S$ 就是可设想的，而如果没有经验证据排除 $\sim S$，或者更确切地说，如果我们无法先天地排除 $\sim S$，那么 S 就有可能是假的，也就是说，S 并不必然是真的。一个陈述或命题怎么可

---

① Lewis D. What experience teaches//Chalmers D. Philosophy of Mind: Classical and Contemporary Readings. New York, Oxford: Oxford University Press, 2002: 281-294.
② Churchland P M. Reduction, qualia and the direct introspection of brain states. Journal of Philosophy, 1985, 82: 8-28.

能同时既是必然的又是后天的!

在《命名与必然性》中,克里普克给出了后天必然性的一些例子,有些涉及对象的起源的基本构造,如"伊丽莎白二世是她父母的孩子""这张桌子是木头做的";有些涉及表述本质的种属关系,如"猫是动物";还有最为典型包含严格指示词的同一性陈述或命题,如"启明星是长庚星""水是H_2O"等。克里普克对这些例子的具体解释明显是基于他的严格指示词理论:名称是严格指示词,在所有可能世界指示同一对象。克里普克的这一名称理论有两个理论基础,即模态现实主义和模态本质主义。

按照模态现实主义,对可能性和必然性这些模态概念的理解只能围绕我们生活于其中的这个现实世界中的对象和属性展开。因而现实世界是唯一的,我们对可能世界的理解只能以此为基础。比如,如果水现实的是H_2O,那么在所有存在水这种物质的可能世界中,它都会是H_2O。正是在此意义上,克里普克认为水不是H_2O是不可设想的,孪生地球中与水极为类似(仅原子结构不同)的物质XYZ只能是"假水"。

模态本质主义主张,对于任一特定对象,其非本质属性的缺失或改变是形而上学可能的,而本质属性的缺失或改变是形而上学不可能的。因此,像"水是H_2O"和"这张桌子是木头做的"这样的命题虽然是后天获知的,但却是必然的,其必然性的力量正是来源于命题所谓述的对象的本质属性,虽然我们只能经验地知道它。

在《命名与必然性》第三篇演讲的最后部分,克里普克给出了后天必然性的一个一般性解释,其基本策略是,将一个表达式与两个相关命题联系起来:当它表达一个必然命题的时候,还与一个偶然命题相联系。首先,克里普克承认,任何必然真理,不论是先天的还是后天的,都不可能证明它并非如此。但是,他又强调,就后天必然真理而言,"在具有适当的定性的同一性证据的情况下,一个适当的、相应的定性的陈述可能是假的"[①]。接着,克里普克进一步解释道,令R_1和R_2为两个严格指示词,并且,其指称分别由非严格指示词D_1和D_2确定,如果$R_1=R_2$是真的,那就是必然为真,但$D_1=D_2$却不是必然的。克里普克认为,当我们对后天必然性感到困惑的时候,其实是我们混淆了指称和确定指称的方式,即混淆了必然陈述$R_1=R_2$与"适当的、相应的定性的"偶然陈述$D_1=D_2$。前者之所以是必然的,原因在于R_1和R_2在所有可能世界固定地指示同

[①] Kripke S. Name and Necessity. Cambridge: Harvard University Press, 1980: 142.

一对象；后者之所是偶然的，原因在于非严格指示词是确定指称的方式，如果这种方式并不指明对象的本质属性而只满足于认知信息的一般描述，那它就不能固定地指称唯一对象，只有在这种情况下，克里普克所批评的"自明的模态原则"才是适用的："如果世界被证明是另一副样子，那它可能本来就是那个样子。"①

后天物理主义将心身随附性关系的必然性归结为这种后天必然性，也就是说，心理术语或者现象概念与物理术语也都是固定指示词，其同一性并不是在出于概念分析的先天性，而是由于后天经验发现，但一旦确定了这种同一性，那它们之间的同一就是必然的。比如，疼痛与C-纤维肿胀，指称的是相同的物理事实或事件。

但是克里普克认为这种类比是错误的，因为在科学理论所揭示的同一性（如"热是分子运动"）中，观察者和外部现象之间存在一个中介，即热的感觉；但是在心理-物理同一的例子（如疼痛是C-纤维肿胀）中，这种中介是不存在的，因为：

> "这里的物理现象被认为是同一于内在现象本身的，即使热并未出现，人们也可以仅仅因为感受到热的感觉，而处于有热存在时所处的那种认知状态之中；甚至在有热出现的时候，他也可以仅仅因为没有那种热的感觉，而表现得就像没有热出现时所处的那种认知状态中那样。这种可能性在疼痛和其他心理现象中是不存在的。要处在与有疼痛时相同的认知状态下，那就必须有疼痛；要处在与没有疼痛时相同的认知状态下，那就不能有疼痛。心理状态和相应大脑状态之间的联系明显是偶然的，不能通过热的那种性质类比来解释。"②

在这一论证中关键的前提是，作为现象性质的心理状态与它的呈现模式之间是直接同一的，没有任何中介。也就是说，疼痛就是疼痛的感受质，二者是不可分的。但对于物理事实或状态而言显然就不是这样。比如，黄金在我的经验中向我显现出来的样子并不是黄金本身。

克里普克的模态论证主要反对的是后天物理主义所主张的那种同一论，但他无意触动物理主义的基本主张，同时也明确表达了他的反二元论立场③。不过，查尔默斯等通过二维语义学扩展了模态论证，以怪人假设的形式直接对物理主义的基本论题（P6）提出质疑，因此相比其他几个论证，查尔默斯构建的二维

---

① Kripke S. Name and Necessity. Cambridge：Harvard University Press, 1980：141.
② Kripke S. Name and Necessity. Cambridge：Harvard University Press, 1980：151-152.
③ Kripke S. Name and Necessity. Cambridge：Harvard University Press, 1980：155.

语义论证对物理主义构成的威胁更为严重，我们首先考察一般意义的怪人假设，然后将在第三章讨论它的二维语义论证。

第三节 现象性质的缺失：怪人假设的威胁

物理主义的随附性论题表达了一种最低限度的物理主义：一切要么本身就是物理的，要么随附于物理的东西。一种形式化的表达就是一般随附性论题（P6）：物理主义在某可能世界 W 中是真的，当且仅当 W 的任一物理摹本其实就是 W 的完全摹本。这一论题意味着，如果存在一个可能世界 W，它在所有物理方面与我们的世界是同一的，那么它们在一切方面都必然是同一的。但是，反物理主义者认为相反的情况是可设想的并且是可能的，即 W 中可能不存在意识现象，完全是一个怪人①的世界，这样的话物理主义的最小论题就站不住脚了。因此，怪人假设成了物理主义与反物理主义争论的一个关键问题。

一、怪人假设的提出

怪人在心灵哲学中是指行为、功能甚至一切物理方面都与有意识生物相同一，但却没有意识经验或感受质的系统。现实世界中并不存在怪人，它是哲学家为揭秘意识现象进而解决心身问题而提出的一种思想实验。这一思想实验伴

---

① 怪人（zombie）一词源自安哥拉的班图语，原意为"鬼魂"或者"逝去的灵魂"，最早是由于海地的伏都教（voodoo 或 vodou）而出现在威廉·B. 希尔布鲁克的小说《魔幻岛》中。伏都教起源于 17 世纪从达荷美共和国贩卖到美洲的黑人奴隶，混合了非洲宗教和欧洲移民所带来的罗马天主教的特征。伏都教在贝宁、海地以及北美的许多黑人社区中拥有大量信众，全世界有超过六千万伏都教信徒。在伏都教的传统观念中，巫师可以通过有魔力的符咒或者药剂使死人复活，或者使普通人丧失自由意志或灵魂，从而能够像使用奴隶一样随意支配他。根据希尔布鲁克的描述，这种人与常人一般但面无表情，目光呆滞，没有记忆没有意识，只是机械地服从控制者的命令。因此，zombie 通常译为"丧尸""僵尸人""行尸走肉"等。在伏都教盛行海地，流传着很多关于怪人的传说，比如，已经故去的人多年后突然归来令亲友无比震惊，甚至传说 1957～1971 年海地的独裁者杜瓦利埃（François Duvalier）控制大量 zombie 作为他的私人军队以维持他的独裁统治。伏都教在美国也有一定影响，zombie 自然也成为好莱坞恐怖电影的重要题材，20 世纪 30～50 年代出现过大量的丧尸电影。

但无论是海地的怪人还是好莱坞的怪人，都与哲学上的怪人有着根本区别。哲学上的怪人指的是一种在行为、功能或物理方面与人类完全一样，但却没有意识或感受质的生物。上述通常译法过于毛骨悚然，并不适合哲学怪人。虽然哲学上有时称之为"怪人"，但哲学怪人实际上并不怪，他们的言谈举止与我们并无二致，换言之，即使放宽图灵测试中的限制条件，甚至完全去除这些条件，我们也无法得到我们想要的结果，哲学怪人并没有任何外在的可识别特征，他只是没有感觉经验的质。在这个意义上，这一翻译显然并不准确，不过从另一个角度看，存在一个物理方面与我完全一致但却没有意识的生物，这一点本身也是足够奇怪的，所以翻译为"怪人"亦无不可，也有研究者根据发音直接译为"宗比人"，略显拗口，或意译为"失心人"，只不过这里的"心"不能理解为宽泛的心智或心灵，而是指意识的现象特征。权衡之下，本书仍译为"怪人"。

随着心智理论的发展走过了不同的发展阶段。

（一）怪人假设的前身：自动机

"怪人"这一思想在哲学思考中反复出现，只是表现形式不尽相同，他心问题其实就是一种表现形式。怪人观念至少可以追溯到笛卡儿的"自动机"（automata）概念。从怪人的定义来看，它与笛卡儿提出的自动机非常相似，可以说，自动机就是怪人的前身。

按照笛卡儿的二元论，心灵和物质是两种完全不同的实体，前者是没有广延的纯粹思维，后者具有广延而不能思维。笛卡儿进而认为，人体和动物都是自动的机器，按照类似"刺激-反应"的模式行动，其行为完全可以用物理语言来解释。"我首先曾把我看成是有脸、手、胳臂，以及由骨头和肉组合成的这么一架整套机器，就像从一具尸体上看到的那样，这架机器，我曾称之为身体。"[①] 而灵魂或心灵寓居于身体中，根据自然法则而作用，如同舵手控制船只[②]。赖尔将笛卡儿的二元论观点称为"机器中的幽灵的教条"[③]，虽然将这种观点完全归于笛卡儿本人并不恰当。根据这一教条，真正的人既不能被定义为身体，也不能被定义为心身结合体，而只能是单个的心灵。总之，人体不过是一架自动的机器，理性的心灵可以以一种神秘方式熟练操作它，而它也能够神秘地影响心灵的思维。

笛卡儿认为这种"自动机"是"神造的机器"，其复杂与巧妙是"人所能发明的任何机器都不能与它相比"[④]的。并且，笛卡儿认为"即使里边没有精神，也并不妨碍它跟现在完全一样的方式来动作，这时它不是由意志指导，因而也不是由精神协助，而仅仅是由它的各个器官的安排来动作"[⑤]。在笛卡儿看来，复杂物质结构足以解释生命过程及动物的行为，不需要诉诸亚里士多德式的植物或动物灵魂来解释这些生命过程和行为方式。

笛卡儿的这些观点被认为是完全机械主义的。人虽然因心灵而与动物有着根本的不同，与人的机械行为相伴随的是他的意识和经验感受，但是否存在一种外表和行为看起来都和人类一模一样的机器？或者说人是否可以没有心灵而

[①] [法]笛卡儿. 第一哲学沉思集. 庞景仁译. 北京：商务印书馆，1986. 24.
[②] 参见[法]笛卡儿. 第一哲学沉思集. 庞景仁译. 北京：商务印书馆，1986. 85. 笛卡儿后期进一步提出了更为精致的松果腺理论，尽管这个理论被科学的发展证伪。
[③] [英]赖尔. 心的概念. 徐大建译. 北京：商务印书馆，1992. 10.
[④] [法]笛卡儿. 谈谈方法. 王太庆译. 北京：商务印书馆，2000：44.
[⑤] [法]笛卡儿. 第一哲学沉思集. 庞景仁译. 北京：商务印书馆，1986：88-89.

只以肉体的方式存在？

笛卡儿所使用的"自动机"概念与哲学怪人颇为相似，但二者之间仍然存在重要的差别。笛卡儿曾特别指出，如果存在结构以及外观与没有理性的动物一样的机器，那么我们是无法区分二者的，因为动物本身就是自动的机器，但是如果存在与人的身体一模一样的机器，那我们还是"有两条非常可靠的标准"去区分它们的：首先，自动机不会创造性地运用语言，不可能像正常人那样进行语言的交流；其次，由于"一种特殊结构只能做一种特殊动作"①，而理性是万能的工具，因此自动机能胜任的工作与人相比是非常有限的，它最多是尽可能不走样地去模仿人的动作。

因此，尽管笛卡儿否认有意识的心智受制于物质机械因果性，但他并不认为它在因果上对于物理行为或物理刺激是惰性的。相反，按照他的交互理论，有意识的心智受感觉的物理刺激的影响，反过来能够产生物理行为。但是，他也认为，感觉的物理刺激足以产生像眨眼睛这样的反射行为，却不足以产生人的自愿行为，人之所以值得称颂，就在于他具有自愿行为或自由行为，而自动机完成相同的行为却并不值得称颂，因为它们做出的行为和动作是必然的，而不是自由的。

总之，笛卡儿相信，心灵能够以某种方式作用于身体，人的语言能力和行为能力高度依赖心灵的存在，如果没有心灵，自动机不能够创造性地使用语言，也不可能在行为举止上表现的与人完全一样。所以，在笛卡儿那里，自动机只能在物理上与人完全一样，但行为和功能上却做不到与人一模一样，换言之，没有什么机器能够像人那样行动，解释人的行为必须诉诸于非物质的心灵。

由此可见，笛卡儿的自动机还不是怪人，因为这种自动机仍然具有外在的可识别性，怪人的可能性在笛卡儿那里也没有成为真正的哲学问题，因为在笛卡儿看来像真正的人那样举止言谈的自动机是不存在的。笛卡儿所提出的两个区分自动机和人的方法对于怪人而言是完全不适用的，毋宁说，怪人和正常人之间根本不存在这样一种可识别的问题，在此意义上，笛卡儿并不仅仅是"只差拼出 zombie 这个词"②。

笛卡儿心身二元论同时还造成了对他人是否具有心灵的怀疑。这种他心怀疑论同样能够产生自动机。笛卡儿曾经质疑："我从窗口看见了什么呢？无非是

---

① [法]笛卡儿.谈谈方法.王太庆译.北京：商务印书馆，2000：45.
② 参见斯坦福百科全书"zombies"词条，该词条由 R. Kirk 撰写，在谈到笛卡儿的自动机的时候他认为笛卡儿就差拼出 zombie 这个词了，但笛卡儿的自动机和 zombie 存在着重要的区别。

一些帽子和大衣,而帽子和大衣遮盖下的可能是一些幽灵或者是一些伪装的人,只用弹簧才能移动。"[1]尽管笛卡儿的本意或许只是想说明感官的欺骗性,但对于他人是否具有心灵的怀疑,显然也会导致他人是自动机或怪人的结论。因为在笛卡儿看来,意识领域只对思维者自身开放,思维者的自我认识是直接可通达的、私人的,因而也是不可错的。只有"我"才能通过我的思维活动确认我的心灵的存在,而他人的思维与意识是不可观察的,所谓的读心术这类东西是不存在,这个"我"只能观测到他人的行为,而无法直接观测他人的心灵。显然,如果坚持这种第一人称权威,我就无法先天地排除他人是怪人的可能性。因此,从这种他心怀疑论的视角来看,自动机与人的确是无法分辨的。

可见,笛卡儿的自动机实际上可以区分为两种,一种是基于实体二元论构想出的自动机,这种肯定意义上的自动机不能做到与人完全一致;另一种是基于他心怀疑论的自动机,这种否定意义上得出的自动机与人无法区分,因而是真正的怪人。

由于众所周知的困难,已经很少有哲学家坚持本体论的二元论。怪人更多地与他心怀疑论联系在一起,只不过这里的心灵概念被意识概念特别是现象性质或感受质代替了,而不变的是对内在心灵状态的第一人称权威:如果我只能知道我自己所感受到的现象性质,相同的事物是否在他人的心智中引起了相同的现象性质就值得怀疑的,甚至他人完全没有这样的现象性质或感受质也是可能的。后一种情况可称为感受质缺失(absent qualia),也就是我们所说的怪人。前一种情况可以包含几种不同的情形:一是感受质颠倒(inverted qualia),即相应的意识状态彼此完全相反,如色谱颠倒的思想实验;二是感受质异质(alien qualia),即相应的意识状态彼此完全异质;三是感受质无定(dancing qualia),即相应的意识状态时而相同、时而相反、时而异质,甚至完全消失。这些情形可以说都是怪人的变种,它们并没有完全丧失感受质,但它们的感受质与常人是有区别的,并且这种区别无法通过外在手段被侦测出来。

与传统哲学不同的是,当代心灵哲学中的怪人假设无需承诺怀疑论,从而能够摆脱他心问题的桎梏而作为独立的哲学问题提出来,对流行的物理主义提出挑战。因为物理主义必定主张,特定物理事件发生了,而相应的心理事件没有发生,这种情况是不可能。比如,疼痛依赖于特定的神经生理事件:C-纤维肿胀,按照物理主义,如果C-纤维受到刺激发生肿胀,那么必定会

---

[1] [法]笛卡儿.第一哲学沉思集.庞景仁译.北京:商务印书馆,1986:31.

感到疼痛。但正如克里普克指出的，疼痛与相应物理事件之间的联系具有一种明显的偶然性，相反的情况完全是可设想的，似乎也是明显可能的，基于这样一种直觉，反物理主义提出了大量怪人假设的思想实验，试图推翻物理主义的基本主张。

（二）怪人作为反物理主义的思想实验

基于现象性质的直觉，20世纪70年代，一些哲学家相继提出各种怪人假设以反对物理主义，比如，K.坎贝尔（Keith Campbell）为了反对心脑同一论而提出的"仿真人"（imitation man），其大脑状态在物理化学属性上与我们的大脑完全一样却感觉不到疼痛，也看不到颜色[1]。但最早大篇幅专门讨论怪人的应当是柯克（Robert Kirk），1974年他连续发表了《知觉与行为》及《怪人 vs 唯物论者》两篇文章，明确提出了哲学上的怪人假设，认为怪人对于所有物理主义都是一个反例。柯克设计了两种怪人：一个称为"丹"，他的感受质正被剥夺，感觉属性正一个接一个地消失，但它保留了完整的意识，大多数时候仍然可以做出合理的行为[2]；另一个是小人国里的"格列佛"，一队小人侵入其大脑，切断了输入输出神经之间的联系，监视从输入神经进来的信息，并输送信息给输出神经以产生和原先一样的行为。这时候格列佛在行为特征方面与先前无异，只是没有感觉和其他经验[3]。这与柯克的设想基本一致。

类似的思想实验和假设在心灵哲学中层出不穷，如布洛克和肖梅克（Sydney Shoemaker）等也都设计过类似的系统。尽管具体的目的不尽相同，但他们提出的基本设想大体是一致的，即它们在物理方面与人类无异但没有意识特别是感受质，这一点是哲学怪人假设的核心。但如果详加追究的话，怪人与有意识的生物在同一方式上实际上有三种——行为的、功能的、物理的。因此，相应地就有行为怪人、功能怪人和物理怪人。行为怪人其言谈举止与意识生物一样，但它们的成分和内部结构却不需要追究，可以是任意的。功能怪人不仅言谈举止与有意识的生物相同，它们还应该具有相同的内部组织结构，柯克设计的"丹"可以归为行为怪人，而"格列佛"则是一个比较典型的功能怪人。物理怪人与意识生物的同一是细胞层面乃至微观粒子层面的严格同一。显然，

---

[1] Campbell K. Body and Mind. London：Macmillan，1970：127.
[2] Kirk R. Sentience and Behaviour. Mind，1974，83（329）：44-45.
[3] Kirk R，Squires R. Zombies v. materialists. Proceedings of the Aristotelian Society，Supplementary Volumes，1974（48）：143-147.

就同一性的严格程度而言，这三种怪人依次递增。

由于物理同一是分子甚至是更微观层面的严格对应，似乎应该蕴涵功能同一和行为同一，但困难之处在于有很多不同的"功能"概念。比如，一事物在某时刻的功能组织可能取决于其历史及其之前的状态，这样功能同一可以不同于行为同一和物理同一。因此，只有把功能组织理解成狭义的（局部的和系统内部的）和非历史的（不考虑历史演进、共时的、不依赖于系统的历史），物理同一才能蕴涵功能同一。这一差别可以通过戴维森设计的与怪人类似的"沼泽人"（swampman）来说明。这个思想试验是这样的：假设闪电击中了沼泽中的一棵枯树，碰巧立于树下休憩的戴维森瞬间灰飞烟灭，与此同时更为碰巧的是，闪电导致沼泽中的分子重新组合，形成了戴维森的复制品，这个复制品就是戴维森所谓的沼泽人。沼泽人与戴维森同样是分子对分子的严格同一，因而他的言谈举止也会和戴维森一模一样。他会走出沼泽，碰到并似乎认出戴维森的朋友，还能用英语和他们打招呼，并且回到戴维森的家中完成他未完成的论文，没有人能够看出有任何不对劲的地方。

戴维森认为沼泽人"不可能认出什么东西，因为从一开始它就什么都不认识"[1]，他不可能知道他朋友的名字，也不可能知道他的家在哪儿，他甚至不可能知道我所知道的"家"这个词的意义。这就是说，由于没有历史因果性，沼泽人的言说就不能说是意谓了任何事物，我们甚至根本不能将任何意义或思想的属性归于他。德雷斯克（Fred Dretske）和米利肯（Ruth Millikan）的观点更为激进，他们强调，一个进化的历史对于内容而言是必需的，并且仅仅是由于我的历史而不是别的什么东西，我的任何心理状态才具有了它们现在所具有的内容[2]。因此，沼泽人戴维森不仅拥有戴维森的任何心灵内容与信念，即使他们在物理上是同一的，他甚至完全不能拥有任何心灵内容和信念。从这个意义上说，沼泽人其实也是一个怪人。德雷斯克就认为，感受质这类东西也是由我的生物学历史决定的，因此沼泽人没有感受质（严格说是被赋予了进化历史意义的感受质）。

如果怪人问题以这种宽泛的历史视野来阐明，那它就是关于两个当下同一而且有相同历史的事物是否存在可能的差别的问题。这样的话，怪人的可能性与沼泽人的可能性就成了不同的问题，宽内容的表征主义可以对前者给出否定

---

[1] Davidson D. Knowing one's own mind. Proceedings and Addresses of the American Philosophical Association, 1987, 60 (3): 441-458.

[2] 参见 Dretske F. Naturalizing the mind. Cambridge: the MIT Press, 1995: 144-149. Millikan R. On swampkinds. Mind and Language, 1996, 11 (1): 103-117.

的回答而对后者给出肯定的回答。也就是说,如果两个生物或系统在物理方面同一并且具有相同的历史因果性,那么它们在意识状态方面就不可能存在差别。但是,如果拒绝怪人的这种宽历史视域的表述,那它们将是同一个问题,一些宽内容理论支持者将不得不承认物理同一怪人是可能的。在这种情况下,物理怪人的可能性无法威胁到物理主义——因为宽内容表征主义本身就是物理主义的。

物理同一怪人的可能性问题常常被认为是检验物理主义的底限,因此它应该与沼泽人区分开来。为了便于讨论,我们在处理怪人问题时,将物理同一看成是蕴涵功能同一。

二、怪人的可能性问题

怪人假设的核心问题是其可能性问题,但怪人假设的支持者起初并不关心怪人在何种意义上是可能的,认为怪人的逻辑可能性就足以驳倒任何形式的物理主义,而这种逻辑可能性是不言而喻的,因为我们可以融贯地设想怪人而不至于产生任何矛盾。柯克就曾明确表示,这种可能性哪怕是最低限度的,也会导致物理主义的破产,从而不得不接受某种形式的二元论[①]。更重要的是,怪人问题此时已经能够撇开怀疑论和他心问题,仅仅依靠逻辑的力量而提出来,所以柯克指出:"尽管其他人的生理结构和行为与我自己相似,但他们可能还是没有知觉——没有任何感觉经验。怀疑论者的这种观点一点也不新鲜。……我的目标是表明符合我刚才所描述的那种生物(简单说就是怪人)的存在在逻辑上的确是可能的。"[②]

但逻辑可能性是一种很弱的可能性,只需逻辑上无矛盾即可。很多物理主义的主张与怪人的逻辑可能性是相容的,如后天物理主义,借助克里普克的后天必然性来说明物理事件与心理事件之间的关系,一方面坚持二者之间的必然联系,另一方面不再先天排除怪人在逻辑上的可能性。这一立场虽然承认怪人可以想象并且在逻辑上可能,但仍无法接受怪人的形而上学可能性。

然而,物理主义对这两个方面都提出了质疑:首先,逻辑可能性是一种很弱的可能性,很多物理主义的立场与怪人的逻辑可能性是相容的;其次,怪人假设依赖意识的现象概念,而柯克本人后来也对怪人假设提出质疑,认为怪人假设本身是不融贯的。又由于可能性这一概念本身充满歧义,因此澄清怪人是

---

① 参见斯坦福哲学百科"zombies"词条。http://plato.stanford.edu/entries/zombies/.
② Kirk R. Sentience and behaviour. Mind, 1974, 83(329):43.

否可能以及在何种意义上可能就决定了怪人假设是否以及在何种程度上能够对物理主义构成威胁。为此我们必须区分不同的可能性。

从某种意义上来说，可能性似乎往往与人的认知想象能力联系在一起。当我们被问及某种事物是否可能时，我们总是试图去想象它，如果能够想象则认为是可能的，反之则认为是不可能。由于这种可能性高度依赖认知主体当下的知识背景和信念，因而被认为是一种认知可能性。非认知可能性一般可分为三种——逻辑可能性、自然（规则）可能性、形而上学可能性。逻辑可能性最为宽泛，只要不违背逻辑规律不产生矛盾即可。这种可能性显然是比较弱的一种可能性；自然可能性则较为严格，必须符合已发现的科学知识和原理，因此常常又被称为规则可能性。介于上述两种可能性之间的形而上学可能性常常被认为是一种理性沉思的结果。比如，光速超过每秒30万千米，这在规则上是不可能的，除非相对论的有关定律被推翻，但却是形而上学可能的，因为相对论的有关定律可能会被推翻。但对于什么是形而上学可能性，目前还存在很多争议，这里我们只满足于这一概念的一般使用就够了。

结合怪人同一性的三种区分，怪人的可能性问题可以得到更为精确的表述。如果 x 表示同一性，y 表示可能性，怪人的可能性问题就可以表述为："两个生物或系统在 x 方面同一但只有其中一个有意识另一个没有，这是否是 y 可能的？"[1]简而言之，即 x 同一怪人是否 y 可能？[2]这样我们可以按照波格（Thomas W. Polger）的建议给不同怪人的不同可能性分别编号从而得到一个怪人可能性问题的"记分牌"（表2-1）[3]。

---

[1] Polger T W. Zombies explained// Ross D, Brook A, Thompson D. Dennett's philosophy. Cambridge: the MIT Press, 2000: 263.

[2] 三种同一方式加上三种可能性我们就能得到怪人可能性的一组9个问题，波格将这九个问题编制成一个失心人可能性问题的"记分牌"，通过这种方式来评价不同的意识理论。按照波格在Zombies Explained一文中的表述，这9个问题分别为：①两个生物或系统在行为方面同一，但只有其中一个有意识另一个没有，这是否是自然可能的；②两个生物或系统在功能方面同一，但只有其中一个有意识另一个没有，这是否是自然可能的；③两个生物或系统在物理方面同一，但只有其中一个有意识另一个没有，这是否是自然可能的；④两个生物或系统在行为方面同一，但只有其中一个有意识另一个没有，这是否是形而上学可能的；⑤两个生物或系统在功能方面同一，但只有其中一个有意识另一个没有，这是否是形而上学可能的；⑥两个生物或系统在物理方面同一，但只有其中一个有意识另一个没有，这是否是形而上学可能的；⑦两个生物或系统在行为方面同一，但只有其中一个有意识另一个没有，这是否是逻辑可能的；⑧两个生物或系统在功能方面同一，但只有其中一个有意识另一个没有，这是否是逻辑可能的；⑨两个生物或系统在物理方面同一，但只有其中一个有意识另一个没有，这是否是逻辑可能的。

[3] Polger T W. Zombies explained// Ross D, Brook A, Thompson D. Dennett's philosophy. Cambridge: the MIT Press, 2000: 260-262.

表 2-1　怪人可能性问题的"记分牌"

可能性＼同一性	行为的	功能的	物理的
自然的	（1）	（2）	（3）
形而上学的	（4）	（5）	（6）
逻辑的	（7）	（8）	（9）

粗略说来，从左到右又下到上，设想的强度递增，可能性递减，因此（3）的可能性是最弱的，即物理同一怪人是否具有自然可能性？即使是查尔默斯等拥护怪人假设的哲学家也承认，现实世界中并不存在怪人，在这个意义上怪人是不可能的，即并非自然可能的。但这并不意味着对这个问题只能作出否定的回答。然而，肯定物理同一怪人的自然可能性就要求我们要么否认两类属性之间的规律性联系——即使是副现象论那样的单向联系也不行，要么取消现实世界的特殊地位，这样自然或规则可能性中自然或规则就变成随可能世界状态的改变而改变的东西了。查尔默斯采取的主要是后一种方式，但无论怎样，这两种方式都会导致或强或弱的二元论倾向。

关于问题（7）（8）（9），大多数人并不反对这三种怪人在逻辑上是可能的，毕竟逻辑可能性是一种相当弱的主张，怪人的逻辑可能性对于物理主义的影响相当有限。再看（1）（4）（7），尽管逻辑行为主义对问题（1）的回答多半会是否定的，因为这种观点认为信念、欲望、思想、意识这些东西无非就是某种行为或行为倾向，任何行为同一的有机体在意识方面也同一，但这种主张面临的困难是众所周知的，而且目前认知科学特别是人工智能领域的发展已经使越来越多的人开始相信，高度智能的人工系统或许终有一天能够完全实现人类的行为甚至思维方式。功能主义与怪人的关系相对较为复杂，将在后面专门讨论。

对于形而上学可能性的不同理解在问题（5）和（6）中凸显出来，又由于物理同一蕴涵功能同一，这样问题（6）就处于怪人可能性问题争论的核心。这也是查尔默斯的二维语义论证要解决的核心问题，我们将在下一章专门讨论。

怪人的可能性问题之所以重要，其中一个重要原因在于它使得心灵哲学中关于心智或意识本质的种种理论和猜想无比激烈地碰撞在一起，一方面基于不同的哲学理论或立场可以对不同类型怪人的不同可能性给出不同的答案，另一方面也可以通过对这些问题的不同回答选择或修正自己的哲学立场或理论。因此，贵泽迪尔（G. Güzeldere）写道："怪人信念成了近来心灵哲学中直觉的试金石。选择何种答案为这类问题提出解答，通常是一个很好的指示，表明他在意识的一系列问题（如其本体论意义、本质、功能、进化等）中所持的立场。"①

三、怪人假设与功能主义

由于怪人假设存在着如此多样的变化，其适应性和生命力都非常强，被广泛用于检验各种意识的形而上学理论，如行为主义、同一论、功能主义，以及像人工智能纲领、心智的生物理论或进化理论等相关的理论。拒绝行为怪人的逻辑可能性会被认为是承诺了分析的行为主义，因为按照这种观点，意识即使存在的话也无非就是特定的行为或行为倾向，任何在行为方面同一的有机体在意识方面也必定同一。因此，行为主义会否认行为怪人的任何可能性，意识问题甚至因此在相当长的一段时间内被遗忘了。不过人们很快发现，即使只能用第三人称视角的客观方式来研究意识，也存在多种途径和方式，如功能的、神经科学的、人工智能的等，不必仅限于行为。当然，从这个意义上讲，这些新的研究途径和方式可以说是行为主义的延伸和扩展。正是在这一意义上，丹尼特指出，我们对行为主义的认可实际上超乎我们自己的意料。与行为主义类似的是，这些新的理论大多对怪人的可能性持否定态度，如功能主义一般会否认功能怪人的可能性。不过功能主义往往与随附性以及同一论等联系在一起，而且功能概念本身也有不同的界定，因此，功能主义与怪人之间的关系也变得更为复杂。

功能主义一般会否认怪人的形而上学可能性，如机器功能主义，这种理论可以说是心灵的计算理论与非还原的物理主义的一种结合，它把心灵看成是图灵机，用系统的高阶计算状态或功能状态来定义心灵状态。因此，如果机器与人有相同的输入输出关系，那就可以说它们有相同的功能组织，我们将意识归于人的时候同样应该将其归于机器。这样一来，凡能够通过图灵测试的我们都应该承认是有意识的。批评者指出，图灵测试或许对智能行为的检验是有效的，但对于意识却无能为力，因为怪人能够完美地通过图灵测试，但却没有意识。而且，即使诉诸更强的所谓"脑图灵测试"也无济于事，因为即使受试大脑在神经系统的输入输出方面相同，也不能保证它们都是有意识的。如果说计算主义的确忽略了意识的现象特征，那么人工智能所致力的事业就是制造出缺乏意识的机器人。很多哲学家通过怪人假设来反对这种功能主义及相关的计算主义。

---

① Güzeldere G. Varieties of zombiehood. Journal of Consciousness Studies, 1995, (2): 326-327.

例如，塞尔提出"硅制大脑"的可能性，即大脑逐渐被硅片取代，这些硅片只复制大脑的输入、输出功能，不复制意识，这时候"你的意识经验慢慢缩小至无，而你的外部可观察的行为仍旧一样"①。塞尔试图通过这一思想实验表明，"行为、功能性作用和因果关系与有意识的心智现象的存在无关"②。

怪人的可能性对于分析的功能主义同样构成严重的威胁。与机器功能主义不同的是，分析的功能主义支持类型物理主义，认为心理状态可以被分析为功能状态。按照这种功能主义，某人具有意识就是说他的认知系统和行为处于特定的功能状态。因此，对于意识而言除了功能之外没什么需要解释。按照这种方式定义意识的话，功能同一怪人甚至是不可设想的，因为任何功能上同一的系统都是有意识的。肖梅克就曾指出，如果一个状态在功能上与一个具有性质内容的状态相同一，那么这个状态本身必定也具有性质内容。但以此为由反对功能怪人的可能性显得相当无力，因为功能主义在经验上只是似真的。换言之，即使功能主义是真的，那也只是偶然地为真，并非分析地为真。当然这并不是说意识可以非功能地实现，而是说在如下意义上功能主义是偶然的，即功能事实并非概念地蕴涵现象事实。这种偶然性使得功能主义在怪人面前相当脆弱，因为它无法排除怪人的可能性，特别是逻辑可能性，除非它能够证明怪人本身是不可设想的。

虽然包括很多物理主义者在内的大多数哲学家都承认怪人是可设想的，但怪人假设自身的融贯性仍受到很多质疑。一些哲学家认为怪人假设会导致所谓的"现象判断悖论"：人员如果怪人被定义为在行为上、功能上甚至物理上与我们相同一，但没有现象意识，那么怪人世界应该不会产生任何有关意识的现象判断，如"我好疼""我饿了"，因为它们根本就没有意识；而且，即使它们和我们一样也使用现象判断，那这些判断要么是无意义的，要么是错误的或不诚恳的，无论这些判断的真值如何，都无可避免的导致矛盾和荒谬。即使曾经拥护怪人的柯克也认为，怪人的一致性会破坏我们关于意识的所有知识，因为我们将无法知道我们自己是否是怪人。陶德·穆迪（Todd C. Moody）指出③，也许在个体层面怪人是无法识别的，但是在语言共同体的层面怪人就会露出端倪，毕竟，让没有意识的怪人哲学家谈论意识甚至怪人是否可能这样的问题是非常

---

① 约翰·塞尔. 心灵的再发现. 王巍译. 北京：中国人民大学出版社，2005：60.
② 约翰·塞尔. 心灵的再发现. 王巍译. 北京：中国人民大学出版社，2005：61.
③ 穆迪是在反对意识的非本质论时提出的这一论证，下文会讨论这一理论。虽然穆迪谈论的主要是行为失心人，但其论证对于所有失心人都是使用的。

怪异的^①。然而，很难说这种论证是成功的，因为怪人使用现象判断完全是可能的，只不过这些词汇的意义与我们所理解的有所差异罢了，肖梅克认为怪人的现象术语指称的是相关物理的部分，查尔默斯却认为并无指称，但不论如何，这都不影响对现象术语的正确使用。

丹尼特从另一个角度质疑怪人的可设想性。他认为怪人假设误用了我们的想象力，"当哲学家们宣称怪人可设想时，他们总是低估了概念（或想象）的艰巨性，所想象的东西最终与他们自己的规定相违背"^②。为了证明这一点，丹尼特提出了一种"超级怪人"（zimboes）。这是一种功能上更为复杂的怪人，能自我监控，会不断反省，或者用罗森塔尔的术语说，它具有内在的高阶信息状态。丹尼特认为很多行为只有基于这种高阶状态才能做出，因此只有这种超级怪人才能真正实现行为上的不可区分，但这时候很难说它没有意识。丹尼特并不是要为行为主义或高阶意识理论做辩护，也不是完全否认意识和主观经验的存在，而是要说明，意识经验并不是在没有任何行为与生理区别的情况下可以从人的精神生活中剥离出来的东西。因此，丹尼特几乎不屑于讨论怪人，认为这个问题是荒唐可笑的。不过，从某种意义上说，丹尼特的超级怪人其实就是功能怪人，而在功能描述下，我们无法彻底排除怪人的可能性，不论这种功能描述如何详尽。因此，丹尼特的超级怪人或许能说明行为怪人是不可设想的，但并不能排除功能怪人和物理怪人的可设想性。

面对怪人论证的攻击，功能主义和其他物理主义采取的是更一般的策略，怪人或许是可设想的或逻辑上可能的，但必定是形而上学不可能的。换言之，由怪人的可设想性无法得到其形而上学可能性。与这一策略相关的是，功能主义和同一论往往诉诸克里普克的后天必然性概念，在这一意义上，它们又被称为后天物理主义。这种观点认为，物理（功能）事件与心理事件之间的同一即便不是先天必然的，至少也是后天必然的，因而怪人是形而上学不可能的；正如水与 H_2O 的同一虽然是后天的，但却是必然的，水并非 H_2O 虽然认知上可能但是形而上学不可能。这一策略实际上预设了可能性概念一种较为流行的理解，即将形而上学可能的世界状态看成是认知可能的世界状态的一个子集，因而存在仅仅认知上可能但形而上学不可能的世界状态，怪人世界就是这样一种可能世界。查尔默斯则通过二维语义学系统论证认知可能的世界状态与形而上学可

---

① Moody T. Conversations with Zombies. Journal of Consciousness Studies, 1994, 1（2）: 196-200.
② Dennett D C. The unimagined preposterousness of zombies//Dennett D C. Brainchildren: Essays on designing minds. The MIT Press and Penguin, 1998: 172.

能的世界状态之间是可以通达的。

四、怪人假设与副现象论

怪人假设很容易让人联想到副现象论，一些物理主义者为了应对怪人论证带来的威胁，指责怪人的可能性预设了副现象论。也就是说，怪人是可能的当且仅当副现象论是正确的。丹尼特和佩里（John Perry）都曾指出，怪人假设要么是不融贯的，要么是承诺了副现象论。丹尼特的批评尤为尖刻，他认为假定怪人和假定副现象的心灵都是愚蠢的，如果有哲学家主张这些东西，他羞于与之为伍。[1] 但事实上，除去怪人假设与副现象论之间表面上的关联与相似性，我们会发现，二者所处理的问题存在着明显的差异，副现象论与怪人的可能性之间并不存在直接的蕴涵或推论关系。

（一）副现象论并不蕴涵怪人

副现象论主张，所有的心理现象都是由物理现象因果地引起的，而心理现象不会造成任何物理上的差别，甚至一个心理现象也无法产生另一个心理现象。也就是说，心理现象在因果关系上完全是惰性的，在因果链条上它只能作为结果出现，因而只是副产品或副现象。

赫胥黎（Thomas Huxley）在1874年就曾明确阐述了副现象论的观点：

"动物的意识似乎与它们身体的机制有关，只不过是身体运作的一种附随产品，似乎也完全没有改变身体运作的能力，正如蒸汽鸣笛伴随着蒸汽发动机的工作但对机器毫无影响。如果说他们有意志的话，那这种意志只不过是物理变化过程的一种情感标志，而不是这种变化的原因。灵魂之于肉体正如闹钟的闹铃声之于闹钟。照我看来，对于动物的这种看法同样适用于人。我们是有意识的自动机。"[2]

赫胥黎充分肯定并发挥了笛卡儿的自动机概念，认为意识现象不过是神经生理活动的副产品，人和动物其实都是自动机，是否有心智或意识似乎也不是区分动物与人的根本标志，毕竟像"失语"这样的无意识行为大量存在，而且

---

[1] Dennett D C. The unimagined preposterousness of zombies//Dennett D C. Brainchildren: Essays on designing minds. the MIT Press and Penguin, 1998: 177.
[2] Huxley T. On the hypothesis that animals are automata, and its history//Science and Culture, and Other Essays. London: Macmillan, 1888: 239.

也没有证据表明动物的特定行为完全没有意识状态的伴随。

赫胥黎的一篇论文的标题就是"论'动物是自动机'假说及其历史"。由此可见，副现象论一开始就和怪人的前身——"自动机"密切联系在一起。很多人认为副现象论直接蕴涵着怪人的可能性。比如，司多特（G. F. Stout）曾指出，如果副现象论是真的，那么可以确信，如果过去不曾有而将来也不会有经验个体的话，宇宙的全部物理历史也不会有什么不同，人类的言谈举止还是一如往常，不会有任何分别。柯克也认为，由于副现象论将意识的本质归结为一种特殊的非物理的属性，而正因为是非物理的，所以这些属性不可能逻辑地或先天地依赖于物理世界，物理世界没有它们也能存在，所以怪人世界是可能[①]。

从某种意义上说，副现象论与怪人的确存在很多相通之处。由于副现象论断言意识是副现象，不能对物理的东西产生任何影响，那么显然也就不存在任何检验意识存在的经验手段和方法。因此，任何观察者都没有办法知道别人是否也具有意识，这种情况与怪人假设中所碰到的情形是一样的：由于怪人与有意识的人之间在物理方面、功能方面和行为方面都是同一的，因而他们之间也不存在任何可识别的特征。因此，从观察者的立场来看，副现象论的世界和怪人世界对他来说没有任何区别，他根本没有办法区分二者。因此，这似乎又落入了他心问题的泥潭：或许他能够以某种方式知道自己是具有意识的，但至少在经验层面，他没有任何办法弄清楚他人是没有意识的怪人还是具有意识的自动机。

然而，不能察觉这二者之间的差别并不意味着这二者是一样的。诚然，如果副现象论是正确的，那么人就是有意识的自动机。但从副现象论并不能得出人都是怪人，也不能得出怪人是可能。首先，按照怪人的定义，它在物理方面与人完全一样但没有意识经验，而副现象论断言的是人有意识，只不过意识没有任何功能，不发挥任何作用，至少对物理的东西是如此。显然，从副现象论不能得出人都是没有意识的怪人。其次，副现象论并不一般地蕴涵怪人的可能性。副现象论只断言意识对物理事物没有因果作用，不断言意识事件/状态对物理事件/状态之间是否存在严格的对应关系，只有后者才涉及怪人的可能性问题。因此，意识是副现象并不表明意识是可有可无的，如果副现象论与心脑同一论的主张相结合，那就意味着物理事件/状态同时也是心理事件/状态，怪人在逻辑上将会是不可能的。此外，用鸣笛壶的例子也可以说明这一点：鸣笛壶

[①] 参见：Kirk R. Zombies and Consciousness. New York：Oxford University Press, 2005：8.

的水沸腾后，鸣笛虽然只是由蒸汽引发的一串声波，但只要水壶的物理构件工作正常，水沸腾而水壶没有鸣笛的情形是不可能的。

（二）怪人假设不支持副现象论

在批评怪人假设时，佩里还认为，查尔默斯的怪人论证无法对物理主义构成挑战，只能用来检验副现象论。[①] 因为副现象论的核心在于强调意识不具有因果力，至于意识是不是物理的东西反而变得不那么重要。这样的话，副现象论虽然常常被认为是二元论的一种变形，但这并不意味着副现象论只能是二元论的，物理主义同样能够容纳副现象论，所以他把副现象论区分为物理主义的副现象论和二元论的副现象论。接下来，佩里指出，这两种副现象论都能接受怪人世界的可能性，这样一来，怪人论证就无法对物理主义形成威胁，最多只能用来支持副现象论的。

但这一批评同样不成功。首先，佩里说两种副现象论都能接受的怪人的可能性，但这种可能性只是逻辑上的可能性，而如果仅仅是逻辑可能性，怪人的确无法对物理主义构成实质威胁。查尔默斯主要是通过论证怪人的形而上学可能性为物理主义制造麻烦，因此佩里的批评是无效的。其次，上文已经指出，从副现象论不能直接得出怪人是可能的，不论这种副现象论是物理主义的还是二元论的。最后，同样的道理，由于怪人假设并不依赖心理因果性，从怪人的可能性也不能得出副现象论是正确的。

为了表明怪人的可能性支持副现象论，佩里还给出一个论证：如果副现象论是错的，意识能够对物理的东西产生因果作用，那么意识的因果作用将造成物理上的差别，使得怪人无法保持物理层面的不可区分性。这样一来，怪人就是不可设想的，当然也就不可能的。然后反过来就能推出，如果怪人是可设想的，或者说是逻辑上可能的，那么意识就不能作为原因影响物理的东西，因此副现象论是正确的。贝利（Andrew Bailey）也指出，假定怪人就是假定一个在所有物理方面与我们的现实世界相一致但没有意识的可能世界，这样的话意识对于物理世界就是非必要的，所以意识是副现象。[②]

这一论证仍然是有问题的。因为即使意识能够发挥因果作用，也不表明怪人是不可设想的或逻辑上是不可能的。很多物理主义者一方面承认意识的因果

---

① Perry J. Knowledge, Possibility, and Consciousness. The MIT Press, 2001: 77-80.
② Bailey A. Zombies, Epiphenomenalism, and Physicalist Theories of Consciousness. Canadian Journal of Philosophy, 2006, (36): 481-509.

作用；另一方面也接受怪人的可设想性和逻辑可能性，如上面提到的后天物理主义者。而且，如果特定事件在因果上可以是被超定地决定的，那么它可能同时具有一个充足的物理原因和一个额外的非物理原因。这就是说，怪人是可能的并不意味着意识不能发挥因果作用。最后，怪人的逻辑可能性与非副现象的二元论、戴维森的异态一元论、罗素的中立一元论也说是相容的。从这些事实也能看出，怪人论证并非专为副现象论服务的。总之，怪人的可能性并不意味着意识是无关紧要的可有可无的，也不意味着意识只是没有因果效力的副现象。

第三章

现象性质的二维语义论证

反物理主义者寄希望于怪人假设来挑战经典物理主义，其论证形式上包含如下三个前提：①怪人是可设想的；②如果怪人是可设想的，则怪人是可能的；③如果怪人是可能的，则物理主义错误。这样只要断言了①就能顺利推翻经典物理主义。这一论证采取了传统可设想性论证的形式，前提①取决于怪人是否是可设想的，前提②需要证明可设想的怪人是可能的。物理主义对这一论证的回应主要集中在前提②，因为它涉及从认知领域到形而上学领域的跨越，怪人论证的支持者必须为此提供额外的论证，这就是查尔默斯提出的二维语义论证。

第一节 二维语义论证

在语义学领域，查尔默斯试图通过二维语义方法的恢复意义、理性与模态三者之间的联系，被认为是复兴弗雷格主义的主要代表。而在心灵哲学领域，他始终是反物理主义的重要代表，通过用二维语义方法来改造传统的可设想性论证，使得这一论证形式日趋完善，并对经典物理主义构成严重挑战。

一、万能的"可设想性"论证

查尔默斯认为这个简单的论证并不足以推翻物理主义，因为"物理事实"

这一术语还比较含糊，它既可以只限于微观物理学、化学、生物学等基础的、低层次的领域，被称为"窄物理事实"；也可以在宽泛的意义上包含较高层次的属性和事实，被称为"宽物理事实"，宽物理事实本身并不属于但形而上地随附于窄物理事实，也就是说，后者蕴涵前者。这样，知识论证就可以稍作修正：

（1）玛丽知道所有的事实都可以由窄物理事实推导出来；

（2）玛丽并不知道所有的现象事实；

（3）如果现象事实并非从窄物理事实中推导出来，那么它显然并不蕴涵于窄物理事实。

（4）并非所有的现象事实蕴涵于窄物理事实。

如果以 P 代替物理事实或物理真理，以 Q 代替现象事实或现象真理，将推导理解为先天蕴涵，把前提（1）和前提（2）合并，这样得到的论证在结构上类似于可设想性论证：

（1）P 蕴涵 Q 并非先天的；

（2）如果 P 蕴涵 Q 并非先天的，则 P 蕴涵 Q 并非必然的；

（3）如果 P 蕴涵 Q 并非必然的，则物理主义错误；

（4）结论：物理主义错误。

前提（1）相当于怪人可设想，前提（2）相当于怪人的可设想性蕴涵其可能性。

这两个论证有着细微但重要的差别。P 蕴涵 Q 并非先天这一前提比玛丽知道所有的事实都可以由窄物理事实推导出来这一前提更强。原因在于，后者之为真可以在以下情况仍得到保证，即玛丽在黑白屋子里并不能获得涉及 Q 的概念，如作为现象概念的"红色"，这样的话玛丽当然就不能推出她所不知道的概念。

克里普克反对同一论的论证就是他的模态论证，查尔默斯认为这一论证与可设想性论证最为接近，设 p 表示一种特殊的疼痛状态，设 c 表示一种相对应的大脑状态，或者是某个同一性论者所希望的与 p 相同一的大脑状态，如 C- 纤维肿胀，这一论证的形式大致如下：

（1）$p=c$ 明显是偶然的；

（2）如果 $p=c$ 明显是偶然的，那么在认知情境中就会存在这样一个世界，其中有一个人和我在质上是同一的，但与 $p=c$ 相应的陈述却是错误的。

（3）如果在认知情境中就会存在这样一个世界，其中有一个人和我在质上是同一的，但与 $p=c$ 相应的陈述却是错误的，那么在这个世界中 $p=c$ 就是错的。

（4）如果在某个世界中 p=c 是错的，那么 p=c 错误；

（5）结论：p=c 错误。

这个论证同样可以转化成可设想性论证：

（1）～(p=c) 是可设想的；

（2）如果～(p=c) 是可设想的，则～(p=c) 是可能的；

（3）如果～(p=c) 是可能的，那么 p=c 就是错误的；

（4）结论：p=c 错误。

区别在于克里普克的论证仅反对同一论，而不是反对一般的物理主义，但对这一论证仅进行适当扩展显然并不困难。

总的看来，可设想性论证在反物理主义论证中具有特殊的重要性，其他反物理主义论证都在某种程度上与之相联系。因此，澄清可设想性论证也有助于理解其他论证。并且可设想性论证在逻辑上属于否定后件式，它对物理主义的威胁更为直接。

二、传统可设想性论证及其困难

许多哲学家乐于承认怪人在某种意义上确实是可设想的。不过，这里的"某种意义"显然太过宽泛和模糊，更重要的是，这一论证还依赖于一条形而上学的假设：可设想的即可能的，或者说可设想性蕴涵可能性（以下将这一假设简称为 CP 论题）。

心灵哲学中的对 CP 论题的运用可追溯至笛卡儿[1]，在《第六沉思》中他提出了一个完整的本体论二元论的可设想性论证：

"首先，因为我知道凡是我清楚、分明地领会的东西都能就像我所领会的那样是上帝产生的，所以只要我能清楚、分明地领会一个东西而不牵涉到别的东西，就足以确定这一个东西是跟那一个东西有分别或不同的，因为它们可以分开放置，至少由上帝的全能把它们分开放置；至于什么力量把它们分开，使我把它们断定为不同的东西，这倒没有关系。从而，就是因为我确实认识到我存在，同时除了我是一个在思维的东西之外，我又看不出有什么别的东西必然属

---

[1] 笛卡儿在"我思故我在"的论证中实际上就已经潜在地涉及了 CP 论题，因为在笛卡儿看来，设想一个没有思想者的思想过程是极其荒谬的，换言之，没有主体"我"的"思"是不可设想的。笛卡儿同样采用可设想性论证来证明上帝的存在，这个证明真正来说应该可追溯到安瑟尔谟关于上帝存在的本体论论证。参见：李麒麟. 休谟在其因果论证当中的"可设想性原则". 《外国哲学》编委员. 外国哲学. 第十八辑. 北京：商务印书馆：186.

于我的本性或属于我的本质，所以我确实有把握断言我的本质就在于我是一个在思维的东西，或者就在于我是一个实体，这个实体的全部本质或本性就是思维。而且，虽然也许（或者不如说的确，像我将要说的那样）我有一个肉体，我和它非常紧密地结合在一起；不过，因为一方面我对我自己有一个清楚、分明的观念，即我只是一个在思维的东西而没有广延，而另一方面，我对于肉体有一个分明的观念，即它只是一个有广延的东西而不能思维，所以肯定的是：这个我，也就是说我的灵魂，也就是说我之所以为我的那个东西，是完全、真正跟我的肉体有分别的，灵魂可以没有肉体而存在。"[1]

笛卡儿这一论证可以概括为以下形式：

（1）凡是我清楚、分明地领会的东西都能就像我所领会的那样是上帝产生的；

（2）如果我能够清楚、分明地领会对象 A 的存在与对象 B 的存在是完全分离的，那么全能的上帝能够使 A 和 B 的存在彼此分离［由（1）得出］；

（3）如果上帝使 A 和 B 的存在彼此分离，则 A 和 B 事实上肯定是完全不同的东西；

（4）我能够清楚、分明地知道我的思维（心灵）和身体的存在彼此分离；

（5）上帝是我的心灵和身体的存在彼此分离［由（4）、（2）得出］。

结论：我的身体和我的心灵事实上是相分离的［由（5）、（3）得出］。

对于前提（4），笛卡儿认为心灵和身体的分离是可设想的。也就是说，我们可以设想没有肉体的灵魂（disembodiment），也可以设想没有心灵的肉体（automata），因此二者之间的差别是"实在的"[2]。笛卡儿给出了一个相对独立的论证：

（1）我知道我的心灵存在，并且它本质上是一个思维的东西；

（2）如果我的身体存在，我就知道它是一种广延的东西，因为归于身体而言广延是它的本质；

（3）我能够设想某个无广延而能思维的存在，反之亦然。

结论：我能够清楚、分明地知道我的心灵的存在与我的身体的存在是相分离的。

显然，这个论证把 CP 论题作为隐含前提直接运用了，休谟在反对"原因的

---

[1]［法］笛卡儿. 第一哲学沉思集. 庞景仁译. 北京：商务印书馆. 1986：82.
[2] 从经院哲学派生而来的用语，即具有完全不同甚至相互排斥的本质的两个实体之间的差别。

必然性"的时候同样把 CP 论题作为一条公设毫无保留的接受下来并加以运用[①]，他明确指出"形而上学中有一条确立的公理，就是：凡心灵能够清楚地设想的任何东西，都包含可能存在的观念，换句话说，凡我们所设想到的东西都不是绝对不可能的。我们能够形成一座黄金色的山的观念，由此就可断言，这样的一座山可能真正存在。我们不能形成一座没有山谷的山的观念，因此就认为这样的山是不可能的"[②]。与休谟同时代的哲学家大多接受这一"公理"，克拉克（S. Clarke）、普莱斯（R. Price）以及沃尔夫（C. Wolff）等甚至提出了一个更强的命题：凡不可设想的都是不可能的。[③] 的确，当我们被问及某种事物是否可能时，我们总是试图去设想它，如果能够设想则认为是可能的，反之则认为是不可能。但这一直觉显然并不像"两点之间直线最短"那样令人信服，因为可设想性是一个认知概念，而可能性属于模态概念，前提（2）存在着从认知领域到模态领域的跨越。可设想性的门槛越低，接受前提（1）就越容易，而接受前提（2）就越难，因此对可设想性论证的"常规诘难"（standard objection）就是反驳 CP 论题。

对 CP 论题最具影响力的批评来自克里普克和普特南，他们在意义理论方面的工作直接切断了可设想性和可能性之间的联系。尽管克里普克反对物理主义者将心身关系和"水是 H_2O"进行类比，但他严格区分了认知领域的模态领域，切断了二者之间的联系。可设想性是一个认知概念，事物对于某主体是否可设想取决于他知道什么相信什么，或者是他使用了什么样的概念或表征方式。按照这种认知的理解，可设想性并不直接蕴涵可能性，因为这时候可设想性取决于我们所能提供的概念和背景信息，一个命题即使在现实中是不可能的，我们也可以想象它，换言之，认知想象中可能的未必形而上学可能。比如，我们说哥德巴赫猜想无论正确还是错误都是可设想的，但这两种情况只有一种是可能的，而"水不是 H_2O"虽然可设想，但是不可能。普特南也指出，虽然就某种特殊的意义而言，"水不是 H_2O"是可设想的，但逻辑上是不可能的，可设想性

[①] 原因的必然性可表述为"任何开始存在的事物都必须尤其存在的原因"，休谟认为这个命题既不具有直观的确定性，也没有论证的确定性。在说明后者时休谟指出："……很容易设想任何一个对象在此时刻是不存在的，而下一个（时刻）就是存在的，而不用将该对象与其相区别的原因的观念或者生成原则的观念相连接。因此，对想象而言，这种在'原因'的观念和'开始存在'的观念之间的分离性是显然可能的；因而这些对象之间的现实的分离也就是可能的，其中并不包含任何矛盾和荒谬……"［英］休谟.人性论.关文运译.北京：商务印书馆，1980：45. 参见：李麒麟.休谟在其因果原则论证当中的"可设想性原则"//《外国哲学》编委会.外国哲学.第十八辑.北京：商务印书馆：181-183.

[②]［英］休谟.人性论.关文运译.北京：商务印书馆.1980：45.

[③] Woudenberg R. Conceivability and modal knowledge. Metaphilosophy, 2006, 37（2）：210.

并不是可能性的依据。①

三、可设想性与可能性

可设想性论证的关键就在于 CP 论题，也就是"可设想性-可能性"（或者"不可设想性-不可能性"）推理，这一论题包含四个方面的问题：第一，存在何种可能性，使得一种情形的可设想性可以被认为是那种情形的可能性的一个指示。第二，设想某事物是什么意思？第三，什么情况下可设想性能够可靠地导出可能性。第四，如何在特定实例中运用"可设想性-可能性"推理，以获得关于现实世界的主张。②前面两个问题要求对可设想性和可能性两个概念进行澄清，在此基础上才能确定 CP 论题成立的条件，最后则是如何具体运用 CP 论题。

可能性这一概念在笛卡儿那里意味着无矛盾性，正如他在第二组答辩里说的："一切不可能性，或者，如果我可以在这里用经院哲学的话来说，一切矛盾性仅仅在于我们的概念或思想里，因为它不能把互相矛盾着的观念结合到一起，而并不在于在理智之外的任何东西里，因为就是由于它理智之外，所以显然它是没有矛盾的，而是有可能的。"③这就是说，当我们错误地把互不相容的观念混在一起的时候，所有这些自相矛盾的或者不可能的东西都只能存在于我们的思维中，而不可能发生在我们理智之外的任何地方；因为正是有事物存在于我们的理智之外这一事实清楚地表明了它并非自我矛盾的，而是可能的。这种逻辑上的可能性意义最为宽泛，无法与可设想性建立内在的联系。这就需要对可能性概念做进一步的分析，现在通常将可能性区分为认知可能性和非认知可能性。

认知可能性的定义与主体或主体的集合有关，具体而言就是提供给所涉及的主体的知识或证据。比如，某人 S 可以对认知可能性提供一种宽容的（permissive）解释，根据这种解释，P 对于主体 S 是认知上可能的，仅当 S 并不知道非 P，或者根据一种更严格的解释，P 对于主体 S 是认知上可能的，仅当 P 与 S 所知道的东西是形而上相容的（metaphysically compossible）。据此，我们还能够得出一种中间解释，P 对于主体 S 是认知上可能的，仅当 S 的证据并不保证

---

① Putnam H. Is Water Necessarily H$_2$O?//Putnam H. Realism With A Human Face. Cambridge：Harvard University Press，1990：55-57.
② Gender T，Hawthorne J. Introduction：Conceivability and possibility //Gendler T，Hawthorne J. Conceivability and possibility. New York：Oxford University Press，2002：2.
③ [法] 笛卡儿. 第一哲学沉思集. 庞景仁译. 北京：商务印书馆. 1986：153.

相信非 P，或者说根据 S 所知道的我们不能合理地期望他能确定非 P。甚至还可以在一种更为宽泛的意义上来理解认知可能性，即 P 在认知上是可能的仅当非 P 不是先天的。

这些描述之间存在着重要的区别：按照严格的解释，认知可能性蕴涵形而上可能性，按照宽容的解释，这种蕴涵则不能成立。但是，不管这些描述的细节，无论在哪种意义上，可设想性显然并不一般地导出认知可能性。如果我知道哪只猫在垫子上，那么对于我来说那只猫不在垫子上在认知上是不可能的（即使在宽容的意义上）。而且，我能够很容易地设想猫不在垫子上的条件，因此我能够很容易地设想认知上不可能的事物。

非认知可能性一般认为有三种——逻辑可能性、形而上可能性、规则可能性（如物理或生物学可能性）。按照通常的描述，P 是逻辑上可能的仅当不能根据标准的演绎推理规则从 P 推出矛盾；P 对于相关的规则而言是规则上可能的，仅当 P 与那些规则所表达的真理是一致的；形而上可能性被认为是最重要的，可以用可能世界的术语来描述现实性和可能性：P 是现实的仅当 P 处于现实世界，P 是（形而上）可能的仅当 P 处于某可能世界。按照这样一种描述，形而上可能性的范围比规则可能性宽，比逻辑可能性窄：无论哪种意义上都不能说某物既是红色的又不是红色的，某物比光还跑得快形而上可能但物理上不可能。

"设想"（conceive）大约是这样一种活动，即通过语词、观念来表征包含现实或非现实特征的情形，根据布里坦（C. Brittain）的考证，conceive 这个词和 concept 事实上是同源词，前者可追溯至拉丁语中的动词 concipere，后者则是其过去分词 conceptus，古代常用动词 concipere，conceptus 的名词性运用直到三四世纪的时候才出现，在此之前一直使用的是 notio（即英语中的 notion）。这样看来，对 conceive 一词的所做的较宽泛的使用是合理的，如想象、预想、构想、构思、思议、描绘、映像等。但休谟对可设想性的定义是纯粹逻辑上的：P 是可设想的，当且仅当 P 本身并不包含任何逻辑上的矛盾。这一定义显然过于宽泛，而且这一定义直接和逻辑可能性等同起来，因此可设想性和可能性之间就形成了循环定义：可设想的就是逻辑上无矛盾（可能）的，可能的就是可设想的，这也是笛卡儿和休谟将 CP 论题直接作为公理来运用的原因。

但是，当我们说某事物或者某情形可设想或者不可设想的时候究竟是什么意思呢？尽管存在各种不同的解释，但是有一点是确定的，即从根本上来说这是一个认知概念，这就是说，一种事物或情形对于某主体是否可设想取决于他知道什么或者相信什么。具体而言，P 对于主体 S 是可设想的，当且仅当 S 认为 P 可能为真；或者 S 不认为 P 必然假；或者 S 不知道 P 是假的；或者 P（作为一种事态而非命题或句子）被认为是可能的。[1] 按照这样一种认知的解读，可设想性并不直接蕴涵可能性，因为这时候可设想性取决于我们所能提供的概念和背景信息，明显的例子是我们可以设想现实中并不可能的命题。因此，单纯的概念分析并不能在可设想性和可能性之间建立牢固的联系。

显然，如果 CP 论题不成立，可设想论证就立刻失去了支撑。支持可设想性论证必须面对这一严重的困难。查尔默斯发现卡普兰、斯道纳克、埃文斯等主张的二维分析方法对解决这一问题非常有帮助。他们认为直指词甚至名称和句子在不同的可能世界有不同的指称，并且不同程度地和认知意义联系在一起，这就意味着通过二维方法重建认知领域和模态领域之间的联系似乎是可能的。但是查尔默斯认为他们大多把可能世界理解为说出表达式的语境，而这种基于语境的分析非常有局限性。因为像"我在思维""语言存在"这样的表达式在任何语境中都为真，基于语境的解释并不能对这些句子的认知状态给予完全的说明，也不能在表达和认知意义之间建立一种普遍的联系[2]。因此，查尔默斯主张一种认知的理解，提出了一种认知的二维语义学解决方案。

四、二维语义学及其核心主张

二维语义学可以说是可能世界语义学与内涵语义学的一种结合。按照可能世界语义学，阐明意义问题不可能离开模态概念（如可能性与必然性），表达式的外延（对于个体词而言即指称，对于命题而言即真值）是相对可能世界而言的。因此，对表达式的评价和赋值必须考虑可能世界。在传统的内涵语义学中，一个句子只被指派一个内涵，而内涵所负载的认知意义被认为是意义的一个重要方面。二维语义学的独特之处就在于，它不是在单个可能世界而是在成对的可能世界（可能世界对）中为表达式指派外延或真值。由于"内涵"一般定义为从世界到外延的函项，这样的话一个表达式就有了两个内涵，分别构成了意义的两个维度。

在这两个维度中，第二个维度是我们对表达式或命题进行评价或赋值的

---

[1] Yablo S. Is conceivability a guide to possibility? [J]. Philosophical and Phenomenological Research, 1993 (53): 26.
[2] Chalmers D. The foundations of two-dimensional semantics//Garcia-Carpintero M, Macia J. Two-dimensional semantics: Foundations and applications. New York: Oxford University Press, 2006: 71-75.

"环境"或语境,一般认为是形而上学可能的世界状态,或者说反事实的世界状态。至于第一个维度,可以粗略地理解成现实的世界状态。第二个维度的内涵,可以定义为从可能世界到外延的函项,称为第二内涵;第一个维度的内涵,可以定义为现实世界(亦即被视为现实的可能世界)到外延的函项,称为第一内涵。二维语义学试图将所有表达式的评价和赋值都放在可能世界对中进行。

以"水"为例,按照克里普克的理论,"水"是固定指示词,在所有可能世界指示同一对象,即分子式为 H_2O 那种物质。因此,"水是 H_2O"表达的命题在所有可能世界都是真的,在此意义上是必然的。然而,"水是 H_2O"这一事实本身却是偶然的,也就是说,"水是 H_2O"所表达的命题的真值还依赖于现实世界以何种方式呈现出来——如果其他世界(如普特南的孪生地球)成为现实的,则"水"指示的可能是不同的物质而不是 H_2O。

这一分析思路在二维矩阵中可以很直观地展现出来。假定除我们所处的世界为 W_1,W_2 为孪生地球(透明可饮用的水状液体是 XYZ),可能世界 W_3 中透明可饮用的水状液体由 H_2O 和 XYZ 混合而成(但由于比例上的优势仍称水为 H_2O)。如果以每一横行表示现实世界的呈现方式,每一纵列表示反事实的可能世界,那么我们就可以用如图 3-1 所示的二维矩阵来表示"水"的外延对世界的依赖关系。

水	W_1	W_2	W_3
W^*_1	H_2O	H_2O	H_2O
W^*_2	XYZ	XYZ	XYZ
W^*_3	H_2O	H_2O	H_2O

第二维:反事实世界 →
第一维:现实世界 ↓

图 3-1 "水"在二维矩阵中的外延

相应地,对命题"水是 H_2O"的赋值也可以在二维矩阵中进行(图 3-2)。

水是H_2O	W_1	W_2	W_3
W^*_1	T	T	T
W^*_2	F	F	F
W^*_3	T	T	T

图 3-2 "水是 H_2O"在二维矩阵中的真值

整个二维矩阵直观地体现了双重索引的二维内涵，即可能世界的有序偶对到外延的函项。这样，"水是 H_2O"的后天必然性就可以解释为命题的第二内涵在所有可能世界中是真的，而第一内涵在某（些）被视为现实的可能世界中是假的，也就是说该命题的第二内涵是必然的，而第一内涵是偶然的。类似地，先天偶然性可以解释为命题的第一内涵在所有视为现实的可能世界中是真的，而第二内涵在反事实的可能世界是假的。因此，先天性和后天性、可能性和必然性都可以被定义为两种内涵在可能世界中的赋值。

基于这样一种二维主义，查尔默斯对克里普克的后天必然性进行了分析。克里普克认为"水"这样的名称是固定指示词，如果水指称 H_2O 的世界（如我们的世界）成为现实，则水在所有可能世界指称 H_2O。因此"水不是 H_2O"是形而上学不可能的。然而，尽管水不是 H_2O 形而上学不可能，但认知上是可能的，因为我们不能先天排除一些认知上可能的情形，如孪生地球。在这个情形中，江河湖海中的液体物质是 XYZ。如果这个情形果真实现，那么我们就必须承认"水不是 H_2O"是真的，也就是说，"水不是 H_2O"的第一内涵在这个情形为真。这里关键在于区分形而上的模态和认知的模态，或者说，区分一般的虚拟赋值和对句子的认知赋值，第二内涵基于前者而第一内涵基于后者。所以，"水是 H_2O"是后天必然的，因为它的第二内涵在所有世界为真（包括孪生地球），第一内涵在某些情形（如孪生地球）中为假。

可见，如果句子 S 是先天的，则 S 的第一内涵在所有情形为真；如果句子 S 不是先天的，则 $\sim S$ 在认知上是可能的。也就是说，S 的第一内涵在某情形中真值为假。因此，S 的第一内涵在所有情形为真，当且仅当 S 是先天的，反之亦然。可以看到，这里第一内涵完全是以认知术语来描述的，查尔默斯用这种方式对通常的模态概念进行了定义[①]：

（1）句子 S 是形而上学必然的，当且仅当 S 的第二内涵在所有世界为真；

（2）句子 S 是后天必然的，当且仅当 S 的第二内涵在所有世界为真而第一内涵在有些情形为假；

（3）句子 S 是先天偶然的，当且仅当 S 的第一内涵在所有情形真而第二内涵在有些世界为假；

（4）句子 S 是先天的（认知上必然的），当且仅当 S 的第一内涵在所有情形为真；

---

① Chalmers D. Two-dimensional semantics//Garcia-Carpintero M, Macia J. Two-dimensional semantics: Foundations and applications. New York: Oxford University Press, 2006: 574-607.

（5）"$A \equiv B$"是形而上学必然的，当且仅当 A 和 B 的第二内涵相同；

（6）"$A \equiv B$"是先天的（认知上必然的），当且仅当 A 和 B 的第一内涵相同。

在（5）和（6）中，A 和 B 是任意同类型的表达，"$A \equiv B$"是真句子当且仅当 A 和 B 有共指称，如果 A 和 B 是个体词，则 $A \equiv B$ 相当于"$A=B$"，如果 A 和 B 是句子，则 $A \equiv B$ 相当于"A 当且仅当 B"。（6）很容易让人想起弗雷格的观点："$A=B$"不具有认知意义当且仅当 A 和 B 含义相同[①]。显然，和弗雷格一样，查尔默斯也主张，在意义和认知领域之间存在某种联系。

（1）和（4）定义了两种不同的必然性，其中（1）描述的实际上就是克里普克的观点，即如果 S 在所有可能世界为真，则 S 是形而上学必然的。这是对形而上学必然性的传统理解。（4）则是（1）在认知领域的反映，它是查尔默斯认知二维语义的核心观点，因为在其他的二维框架中，先天性和第一内涵（即认知内涵，在不同的二维框架中具体名称不同，如斯道纳克称之为对角内涵，杰克逊称之为 A 内涵）之间的联系是受约束的，而查尔默斯使这种联系具有普遍性。在查尔默斯看来，二维语义的核心立场就在于，涉及专名和自然种类词的后天同一，其第一内涵必定在某些情形中为假。

根据这两种必然性，我们可以得到两种可能性：如果 S 的第二内涵在世界 W 为真，或者说世界 W 被视为反事实的，从而令 S 为真，则我们说 W 满足 S，即 S 形而上学可能，查尔默斯把这种可能性称为第二可能性；如果 S 的第一内涵在情形 W 为真，则我们说 W 确证 S，即 S 在认知上可能，这种可能性称为第一可能性。

如果查尔默斯的定义方式是可行的，那就可以在认知领域和模态领域之间搭建了一座桥梁，我们可以说 S 是可设想的，如果它在认知上是可能的，反之亦然，因为 S 并没有被先天排除，虽然还不能直接得出可设想的就是可能的，但查尔默斯认为在可设想性和可能性之间仍然存在某种关联，通过对可设想性概念和可能性的分析，我们能够从有关可设想性的前提得出关于形而上学可能世界的结论。

五、二维语义论证的基本框架

通过二维语义学定义了不同的模态概念后，查尔默斯对可设想性概念又做

[①] Chalmers D. The foundations of two-dimensional semantics//Garcia-Carpintero M, Macia J. Two-dimensional semantics: Foundations and applications. New York: Oxford University Press, 2006: 64

了细致的辨析，将他的论证缩小为认知可能性与形而上学可能性之间的关系，这是二维语义论证中最为关键的部分。

查尔默斯对 CP 论题的反例进行了分析，他把这些反例分为两类：概念上的混淆和模态上的混淆。对于前者，很显然，并非所有可设想的都是可能的并不意味着所有可设想的都是不可能的。也就是说，可设想性和可能性并非完全没有联系，这需要我们对可设想性这一概念进行辨析。一方面，查尔默斯区分了表面的可设想性（prima facie conceivability）和观念的可设想性（ideal conceivability），前者受到了当下主体认知能力的限制，而后者依赖于观念上的理性反思。举例来说，"2+2=5" 显然在这两种意义上都是不可设想的，复杂的数学真理的错误概念上不可设想，而表面上可设想（如果主体对相关知识一无所知），而一只会飞的猪无论如何都是不可设想的。另一方面，查尔默斯又区分了否定的可设想性（negative conceivability）和肯定的可设想性（positive conceivability）。当 S 不能通过先天推理来排除，我们就说 S 在否定意义上是可设想的，如果主体能够毫无矛盾地设想 S 如此这般的条件，我们就说 S 在肯定意义上是可设想的。

在查尔默斯看来，相比表面的可设想性，观念的可设想性更适合用来与可能性建立联系，因为前者显得过于宽泛。比如，当我们说哥德巴赫猜想和这一猜想的反面都是可设想的，这其中的可设想性就是指表面的否定的可设想性，不可能两种情形同时都是概念上可设想的，也没有理由认为观念的可设想性蕴涵可能性存在反例。

对于模态上的混淆，查尔默斯认为可以用二维方法来澄清。以"水不是 H_2O"为例，根据二维语义，当我们想象水不是 H_2O 时，我们想象了这样一个条件，即 XYZ 而不是 H_2O 充满海洋湖泊的孪生地球，没有理由怀疑这样一个 XYZ 世界（孪生地球）是形而上学可能的，而如果 XYZ 世界成为现实的，我们就必须承认水是 XYZ。因此，尽管 XYZ 世界并未满足"水不是 H_2O"（因为 XYZ 世界不是现实的），但 XYZ 世界确证了"水不是 H_2O"（因为 XYZ 世界是形而上学可能的）。也就说，"水不是 H_2O"虽然不具有第二可能性或者说形而上学可能性（因为其第二内涵在所有世界为假），但在某些情形中是可能的，因而具有第一可能性。

查尔默斯承认，就"可设想性"的某种意义来说，水不是 H_2O 是不可设想的——如果水在现实世界毫无疑问地就是 H_2O，在这种意义上，任何水不是 H_2O 的可设想性条件（如孪生地球）更应被描述为水仍是 H_2O 的可设想性条件，只是其中的水状物质不是 H_2O。因此"水不是 H_2O"看似可设想，其实并非真的可设想，查尔默斯把这种可设想性称为第二可设想性。第二可设想性往往是后天的，因为水是 H_2O 这一点我们只是通过后天经验才知道的。与此相对应的是涉及先天领域的第一可设想性。S 是否具有第一可设想性取决于先天推理，否定的可设想性也是一种第一可设想性，因为它的定义方式是看什么东西能够被先天的排除，而"水是 H_2O"并不是先天建立起来的，在这种意义上我们可以准确地说"水不是 H_2O"是可设想的。

因此，当我们说"水不是 H_2O"这类句子可设想但不可能的时候，我们是在第一可设想性的意义上使用"可设想"，而在第二可能性的意义上使用"可能"，第一可设想性当然不蕴涵第二可能性。但我们可以说"水不是 H_2O"具有第一可设想性和第一可能性，这是否意味着第一可设想性蕴涵第一可能性？查尔默斯并没有直接给出这种蕴涵关系成立的依据，而只是指出我们找不到这种蕴涵关系的反例[1]，因而第一可设想性蕴涵第一可能性是无法拒斥的。尽管这样的论证并不充分，但已经足够在认知领域和模态领域建立起一座桥梁。

结合上面对可设想性概念的分析，传统的 CP 论题就有了两个精确的陈述：[2]

（CP+）观念上肯定的第一可设想性蕴涵第一可能性；

（CP-）观念上否定的第一可设想性蕴涵第一可能性。

由于否定的可设想性蕴涵肯定的可设想性，因此 CP- 蕴涵 CP+，但反过来是否成立似乎就很难确定了，因此 CP- 或许比 CP 更强。但这种区别对可设想论证并没有太大影响，因为在查尔默斯看来，怪人具有概念上的第一可设想性（无论是否定的还是肯定的）是显而易见的，按照修正的 CP 论题，怪人也就具备第一可能性。不过这时候怪人仍然不具有形而上的第二可能性，但解决这一点并不困难，因为根据二维语义，如果表达式 S 的第一内涵和第二内涵相同，则一个世界确证 S 当且仅当它满足 S。也就是说，只要 S 具备第一可能性，它同时也就具备了第二可能性。

---

[1] 查尔默斯承认可能存在潜在的反例，但是那会导致一种"强必然性"。根据二维语义的分析，像"水是 H_2O"这样后天必然性的例子都具有必然的第二内涵和偶然的第一内涵，也就是说，这些陈述具有形而上的必然性而不具有认知上的必然性，这种必然性可以成为"弱的后天必然性"；而如果这种后天必然命题的第一内涵也是必然的，那么这种必然性就是一种"强的后天必然性"，可以简称为"强必然性"。如果否认第一可设想性蕴涵第一可能性，势必会导致这样一种强必然性。查尔默斯认为很难给出这种强必然性的例子。详细可参见 Chalmers D J. Materialism and the metaphysics of modality. Philosophy and Phenomenological Research, 1999, (59): 473-496.

[2] Chalmers D. Does conceivability entail possibility //Gendler T, Hawthorne J. Conceivability and Possibility. New York: Oxford University Press, 2002: 171.

通过对可设想性和可能性的二维语义分析，查尔默斯认为他解决了 CP 论题的合理性，进而对传统的可设想论证进行了改进，论证过程如下[①]：

（1）怪人具有观念上肯定的第一可设想性；
（2）观念上肯定的第一可设想性蕴涵第一可能性；
（3）怪人具有第一可能性［由（1）和（2）得出］；
（4）物理术语的第一内涵和第二内涵要么一致要么不一致；
（5）现象术语的第一内涵和第二内涵是一致的；
（6）如果物理术语的第一、第二内涵一致，则怪人具有第二可能性（由（3）和（5）得出）；
（7）如果物理术语的第一、第二内涵不一致，则怪人不具有第二可能性，因而现象事实被更深层的实在所蕴涵；
（8）要么怪人形而上学可能，要么现象事实被更深层的实在蕴涵（由（4）、（6）和（7）得出）；
（9）如果怪人形而上学可能，则物理主义错误；
（10）如果现象事实被更深层的实在蕴涵，则物理主义错误。

结论是物理主义错误［由（8）、（9）和（10）得出］。

这个论证的前提（2）即修正的 CP 论题，前提（4）是一个分析命题，至于前提（5），涉及克里普克对有关感知特性的概念的理解。克里普克认为"疼痛"等感知特性是我们意识中最简单最直接的，我们无法区分疼痛本身和对疼痛的感觉，而对于物理概念我们能够区分其属性与实在。查尔默斯也采纳了这一观点，认为现象术语的第一内涵和第二内涵是一致的，这一点并不会引起什么疑异[②]。因而关键在于分析当物理术语的第一内涵和第二内涵一致或不一致时将分别导致何种结论。

假定它们相同，根据二维语义论证，如果句子 S 的第一内涵和第二内涵相同，则一个世界只有在满足 S 的情况下才能确证 S，也就是说 S 只有具备了

[①] 参见 Chalmers D. The conscious mind. New York: Oxford University Press, 1996: 131-136. Chalmers D. Consciousness and its place in nature // Stich S, Warfield F. Blackwell guide to philosophy of mind. Malden: Blackwell, 2003: 115-119.

[②] 查尔默斯指出，前提（5）对于这一论证并不是必需的，即使现象术语的第一内涵和第二内涵并不一致，也能结论说物理主义错误。论证过程大致如下：首先假定物理术语的第一内涵和第二内涵一致，根据物理主义，$P \rightarrow Q$ 是后天必然的，按照二维语义的分析，这意味着 $P \rightarrow Q$ 的第一内涵是偶然的；令 S' 的第二内涵和 S 的第一内涵相同，则 $P' \rightarrow Q'$ 的第二内涵，即 $P \rightarrow Q'$ 的第二内涵是偶然的，因而 $P \rightarrow Q'$ 表达的命题也是偶然的；Q' 当然为真，但是按物理主义，对于所有真句子 S，"$P \rightarrow S$" 是必然的，因而物理主义错误。而如果物理术语的第一内涵和第二内涵不一致同样会导致泛心论，因此物理主义错误。参见：Chalmers D J. Consciousness and its place in nature // Stich S, Warfield F. Blackwell Guide to Philosophy of Mind. Malden: Blackwell, 2003: 117.

第二可能性才能具备第一可能性，既然 P 和 Q 的第一第二内涵都一致，那么"$P\&\sim Q$"具备了第一可能性就必定具有第二可能性，因而怪人是形而上学可能的，物理主义是错误的。

假定它们不同，这时候我们无法推出怪人是形而上学可能的，而只能满足于怪人的第一可能性，但同样也会产生物理主义者无法接受的结果。物理主义坚持世界在微观层面上由基本粒子构成，如果物理术语尤其是微观物理学术语的第一、第二内涵并不一致，那就意味着微观物理概念的指称通过特定的"理论角色"（即结构特征上的规定性）得以确定，但却指向这些角色背后的内在本质，也就是说，微观物理概念的第一内涵指向任意充当该角色的属性（不涉及内在本质），而第二内涵指向实际担当该角色的属性（也就是得到例示的属性，而不涉及其角色）。[1] 但是既然怪人只具有第一可能性，那就意味着"$P\&\sim Q$"的第一内涵在某情形为真而第二内涵在所有世界为假，也就是说，必定有某世界 W（如怪人世界）确证 P 且确证 $\sim$ Q 而没有世界满足 P 且满足 $\sim$ Q。这样的话，世界 W 与我们的世界显然就是同构的（理论角色或者说微观物理层面上的结构相同），区别在于世界 W 中的"理论角色"由不同的内在属性来担任。这样问题就来了，我们的世界蕴涵 Q，而物理上与我们的世界同构的世界 W 却不蕴涵 Q，那么 Q 就不是由结构特征决定的，只能由不同的东西（即内在的属性）来蕴涵，这样就会得出二元论的结论[2]。

可见，不论物理术语的第一、第二内涵是否一致，其产生的后果都是物理主义是无法接受的。如果一致，那么怪人就是形而上学可能的，如果不一致，那就会导致元泛心论，两者对于物理主义都无法接受。

第二节　二维语义论证的缺陷

二维矩阵也生动地表明，在这种新的语义学理论中，同一可能世界发挥着两种不同的作用。一种是通常我们在传统可能世界语义学中看到的，作为命题赋值的环境，也就是矩阵横轴上排列的反事实的可能世界。模态逻辑正是通过量化可能世界来定义必然性与可能性等模态概念：一个命题必然为真当且仅当它在所有可能世界中都为真；一个命题是可能的当且仅当至少存在一个它在其

---

[1] Chalmers D. Does conceivability entail possibility//Gendler T, Hawthorne J. Conceivability and Possibility. New York: Oxford University Press, 2002: 197.
[2] 这种二元论也就是查尔默斯所主张的泛元心论，具体讨论参见第三章第三节。

中为假的可能世界。可能世界另一种作用是被指派为现实世界,即矩阵中在纵列出现的可能世界。因此,每一横行都代表的是一个被视为现实的世界。这一点彰显了二维语义学与克里普克式语义学的不同。因为克里普克持模态现实主义立场,认为我们所处的这个世界是唯一现实的,可能世界只不过是现实世界的可能状态。

显然,如果坚持现实世界的唯一性,那么二维语义学的第一维似乎就完全没有必要了,至少这会使二维语义学的阐释和运用受到很大的局限。比如,退回到卡普兰式的语境二维主义,将二维方法局限于特定表达式(即像索引词那样对语境敏感的表达式)。但如果将二维方法局限于这类语境敏感的表达式,那么二维方法也仅仅是一种局部语义分析工具。因此,要使二维架构普遍化就必须取消现实世界的特殊地位,这一思路的具体实现在很大程度上得益于二维模态逻辑的发展。

一、二维语义论证的逻辑困境

二维语义学的兴起与二维模态逻辑的发展关系密切,通常认为二维模态逻辑为二维语义学提供了形式工具和方法论依据。语义学的二维方法最初只是用于语境敏感的表达式,如卡普兰的索引词理论,但亨伯斯通等人对二维模态逻辑的贡献为二维语义学的扩展提供了一条便捷的途径,在此基础上,认知二维语义学试图为语言表达式的意义提供一种统一说明,这一庞大的计划需要解决的问题仍然很多,逻辑上的麻烦主要来自先天性概念所导致的嵌套问题。

(一)二维语义的逻辑基础

20世纪70年代,单向度的一维模态概念面越来越多的挑战。在语义学方面,克里普克提醒人们要注意先天性与必然性之间的区别,埃文斯主张区分不同意义的必然性概念,而在逻辑领域,越来越多的逻辑学家认为模态逻辑应该是二维的。当卡普兰提出用二维方法构建索引词的意义理论时,研究时态逻辑和模态逻辑的逻辑学家也试图通过二维方法将"现在""现实的"这些句子算子[①]形式化。其中对二维语义学影响最大的应当是亨伯斯通(L. Humberstone)、

[①] 所谓句子算子指的是用于将简单句构成复合句的运算符或算子。

戴维斯（M. Davies）以及克罗斯利（J. N. Crossley）等关于 A 算子[①]的分析。

亨伯斯通等注意到，传统模态谓词逻辑在处理某些语句时会遇到问题，特别是包含"现实地"或"实际上"的句子。比如，说"张三住在北京"和"张三实际上住在北京"这两个句子的差别似乎仅仅是修辞上的，但这一词语在句子中的功能往往并不局限于修辞。比如，"每一个现实的是红色的物体应该发光是可能的"，这个句子在传统量化模态语言中可以写成"◇∀x（x 是红色的→x 是发光的）"，或"∀x[x 是红色的→◇（x 是发光的）]"；但这两个公式都是不充分的：前者要求在任意想象的可能世界中的红色事物也应是发光的，这就超出了原来句子所能表达的内容，而后者则无法像原来的句子那样，要求在想象的可能世界中实际为红色的物体应该也是发光的。

亨伯斯通认为通过引入新的逻辑算子"A"（即现实地或实际上）可以解决传统模态语言遇到的困难。引入新的算子后，上面的句子就可以写成"◇∀x[A（x 是红色的）→x 是发光的]"。由于同一世界状态既可以是现实的也可以是反事实的，对于任一被指派为现实世界的状态 W^*，如果 x 就 W^* 而言是红色的，那么 x 就 W 而言是发光的；换言之，所有在 W^* 为红色的物体在反事实的可能世界 W 中是发光的，但这并不要求 W 中的红色物体在其中也发光。因此，"A"算子的语义规则的一个结论是，如果 As 在任一世界状态中是真的，那么它在每一世界状态中都是真的，即 As→□（As），这是关于"A"算子的直觉语义学的一个直接结论，而完全不理会 As 所依赖的事态本身的偶然性。戴维斯认为"即使允许存在使'As'必然为真的那种必然性，我们还是想说，存在另一种必然性使'As'并不必然为真"[②]，因为现实世界以何种方式呈现出来这是完全偶然的。

为了反映这种偶然性，戴维斯和亨伯斯通认为还需要引入另一个算子"F"（固定地）。由于这一算子的作用是确定哪一个可能世界被指派为现实世界，因此它起作用的方式是加在算子"A"之前，这样，FAs 在某可能世界中是真的仅当该可能世界被指派为现实世界。在二维矩阵中，如果不引入 F，我们只需考虑顶行就可以了，因为现实世界是唯一的和恒定的。引入 F 之后，对表达式的评价与赋值就是在可能世界对 (w^*, w) 中进行的，因此，包含"A"和"F"的模态逻辑显然是一种二维模态逻辑。亨伯斯通将这种新的模态语言模型表示为

[①] 这一算子英文为 actually，常常也用"@"表示。actually 在汉语中有很多相对应的词，如"现实地""实际上""其实"，可以将这些词视为同义词。

[②] Davis M. Reference, contingency, and the two-dimensional framework. Philosophical Studies, 2004, (118): 85.

$M=\{W, w^*, V\}$，其中 W 为可能世界，$w \in W$，w^* 表示现实世界或被视为现实的世界，V 将真值指派给命题变元。$M \models_w \varphi$ 表示在模态语言 M 中，公式或句子 φ 在 w 中是真的。算子 A、F 以及必然性的定义如下：[1]

$M \models_w \Box \varphi$ 当且仅当对于所有的 u，$u \in W$ 且 $M \models_u \varphi$；

$M \models_w A\varphi$ 当且仅当 $M \models_{w^*} \varphi$；

$M \models_w F\varphi$ 当且仅当对于所有模型 $M'=\{W, w', V\}$，我们都有 $M' \models_w \varphi$。

类似地，$FA\varphi$ 在 w 中是真的仅当 $w=w^*$，也就是说仅当 w 被指派为现实世界。

可以看出，对于"A"算子的语义规则而言，如果 As 在 w_i 中是真的，则 As 在所有可能世界 w 中都是真的，这时候 w_i 始终被指派为现实世界。而在"F"的语义规则中，FAs 就 w_j 而言是真的（w_j 是现实世界）仅当对于每一可能世界 w，原先的句子 s 就 w 而言是真的，而且 w 被指派为现实世界。

戴维斯和亨伯斯通强调，这里实际上出现了两种由模态算子表达出来的必然性概念，一种是我们所熟知的由"□"表达的必然性，即二维矩阵中水平维度的真；另一种是"FA"表达出的必然性，即二维矩阵中对角线上的真。戴维斯认为这两种必然性分别对应于埃文斯提出的表层必然性和深层必然性[2]。埃文斯对这两种必然性的区分是为了解释克里普克提出的先天偶然性与后天必然性所带来的困惑，他认为先天偶然真理的经典例子是表层偶然而深层必然，而后天必然真理是表层必然而深层偶然。尽管戴维斯和亨伯斯通并不认为二维模态逻辑为克里普克的后天必然真理和先天偶然真理提供了一种全面回应，因为他们对于使用 A 来分析自然语言表达式（特别是专名）是否充分持保留意见持保留看法[3]。但利用这一算子的逻辑规则的确能够很方便地构建后天必然真理和先天偶然真理[4]。

（二）二维语义的嵌套问题

亨伯斯通等人并不关心表达式使用的语境如何能影响其指称，也不关心决

---

[1] Davies M, Humberstone L. Two notions of necessity. Philosophical Studies，1980，(38)：1.
[2] Davis M. Reference, Contingency, and the Two-Dimensional Framework. Philosophical Studies，2004，(118)：93-95.
[3] Davies M, Humberstone L. Two notions of necessity. Philosophical Studies，1980，(38)：17-21.
[4] 模态算子 A 的语义规则确保具备 AS 形式的每一个陈述都在"□"的意义上要么必然真要么必然假。但当句子 S 表达的是普通的经验真理，如"恒大亚冠捧杯"，AS 就只是后天可知的，所以 AS 就是后天必然真理。A 算子也可以用于构建先天偶然真理，A 的语义规则确保任何具备 AS→S 形式的主张在被指派的世界中是真的，而不管哪个世界被指派为现实的（即它固定地实际上为真）。但当 S 是一个普通经验真理，复合主张在"□"的意义上并非必然：模型中会有某（些）S 在其中为假但 AS 在其中为真世界。这种情况下，复合句子显然是先天偶然真理。

定自然语言的语义规则，他们关注的是如何为"A"和其他模态算子建立一套行之有效的推理规则。尽管如此，他们的研究仍暗示了将二维方法推广到所有语言表达式的某种可能性：如果我们将孪生地球指派为现实世界，是否意味着水指称的是 XYZ 而非 H_2O 呢？查尔默斯和杰克逊正是在这一方向上推广了二维方法，特别是查尔默斯，为认知二维语义学提出了一套较精致而全面的论证。他将第一维理解成认知可能性，二维矩阵中的纵轴上安排的是"情形"，即人类理性无法先天的排除认知上可能的世界状态，于是矩阵中每一横行表示，当该行所表示的认知可能的世界状态成为现实世界时，表达式在横轴的诸可能世界中的赋值情况。但这一策略面临许多争议问题，其中最为重要的是嵌套问题。

　　查尔默斯普及二维方法的第二个重要方面就是将第一维和第二维分别与先天性和后天性对应起来，试图用认知术语来定义模态概念。比如，埃文斯的描述性名称朱利叶斯是用于发明拉链的任何人。"朱利叶斯"的第一内涵在一个给定情形中挑出发明拉链的任何人，而第二内涵在所有世界挑出拉链的实际发明人。相应地，埃文斯的先天偶然句子"朱利叶斯发明了拉链（如果有人发明拉链的话）"的第一内涵在所有情形为真（反映了这个句子的先天性），而第二内涵在某些世界中是假的（反映这个句子的偶然性）。

　　同样，"晨星"和"昏星"有相同的第二内涵但第一内涵不同。对于固定指示词，其第二内涵会在所有世界挑出实际上的外延，所以"昏星"和"晨星"的第二内涵在所有世界都挑出金星。大多数表达式的第一内涵往往表现为对属性或状态的描述。因此在某一情形中，"昏星"的第一内涵挑出黄昏时分天空最亮的那颗星，"晨星"的第一内涵挑出清晨时分天空最亮的那颗星。据此，后天必然的句子"晨星是昏星"的第二内涵在所有世界为真（反映其必然性），第一内涵在某些情形中是假的（反映后天性）。

　　因此，在查尔默斯的认知二维语义学中，第二内涵与形而上学模态，第一内涵与先天性之间存在着内在关联，在此基础上，他以真值条件的方式提供了必然性和认知必然性算子（即先天性，表示为"■"）的形式定义[①]：

$[□\varphi]^{v,w}=1$ 当且仅当对于所有的 w' 都有 $[\varphi]^{v,w'}=1$

$[■\varphi]^{v,w}=1$ 当且仅当对于所有的 v' 都有 $[\varphi]^{v',v'}=1$

　　这里 v 表示情形，w 表示可能世界，对于任意命题 φ，"φ 是必然的"在 (v, w) 中是真的，当且仅当对于所有世界 w'，其中的句子 φ 在 (v, w') 中是真的；

[①] 查尔默斯在不同场合多次提出类似的定义，这一定义形式参见 Chalmers D, Rabern B. Two-dimensional semantics and the nesting problem. Analysis, 2014, 74（2）：210-224.

"φ 是先天的"在 (v, w) 中是真的当且仅当对于所有情形 v'，其中的句子 φ 在 (v', v') 中是真的。

但这样的定义方式会产生嵌套问题，对先天算子的定义包含模态事实，并非是纯粹认知的。具体而言，查尔默斯的认知二维语义学承诺了以下两条原则[①]：

（1）■φ→□■φ（如果 φ 是先天的，那么 φ 必然的是先天的）；

（2）□（■φ→φ）（必然地，如果 φ 是先天的，那么 φ）；

按照分配律，（2）等价于

（3）□■φ→□φ；

再根据传递律，由（1）和（3）得出，

（4）■φ→□φ（如果 φ 是先天的，那么 φ 是必然的）。

这里（1）表明先天性蕴涵必然先天性，（2）意味着先天性是一个模态事实，因为通常将先天性理解为先天可知性。这两个前提都是似真的，并且，它们之为真是独立于二维语义学系统之外的。然而，认知二维语义学会拒绝（4），因为它承认克里普克提出的先天偶然性。这就意味着在认知二维语义学中，必然性和先天性这两个算子似乎是不融贯的。

问题之所以产生是因为"■"被定义为纯粹的认知算子。也就是说，"■φ"的二维内涵只取决于 φ 的第一内涵，与 φ 的第二内涵无关。但如果存在先天偶然命题，那么先天算子显然不可能既是纯粹认知的算子又是模态事实。

因此，认知二维主义者不得不做出选择，要么否认先天性是纯粹的认知算子，要么否认它是模态事实。要解决这一问题，认知二维主义者需要做大量的工作，最为迫切的就是修正关于先天性概念的传统理解，为必然性和先天性构建一套完整的逻辑系统和语义解释，毫无疑问这是一项过于浩大的工程。

二、二维语义学的语义困境

作为一种新的语义学理论，二维语义学被认为是新弗雷主义的代表，遭到众多哲学家的批评，特别是索姆斯在《指称和描述》一书中，对二维语义学进行了系统的批判，但他对二维语义学的解读主要是语境式上的，而查尔默斯同样反对二维主义的语境式理解，因此查尔默斯抱怨说索姆斯并没有完全理解他的主张，很多批评实际上对他的认知二维主义并没有效力。当然，这并不意味

---

① Fritz P. A logic for epistemic two-dimensional semantics. Synthese，2013，190：1755.

着查尔默斯的理论与这些批评完全不相干，毕竟他的一些基本结论并没有太大变化。2006 年 6 月美国哲学协会在芝加哥戴维逊中心专门就索姆斯的《指称和描述》一书举办了作者和批评者的研讨会，索姆斯同样对查尔默斯的批评做出了回应。可以说双方的论证集中体现了二维语义学与经典的克里普克式语义学之间的分歧，主要表现为以下几个问题。

（一）二维主义是否是描述主义

二维主义一方面把名称和自然种类词视为伪装的固定描述语以避免克里普克的模态论证，另一方面将卡普兰的语境原则扩大到名称和自然种类词以解释后天必然性，但名称和自然种类词决然不同于索引词，名称在所有可能世界指称同一对象而相应的描述语却未必，而克里普克也早已证明名称并非固定描述，因此名称不同于描述语。这是克里普克反对描述主义的模态论证的主要内容，索姆斯认为，二维主义本身就是描述主义的一种表现形式，为了避免克里普克的模态论证，它把名称和自然种类词当成是伪装的固定描述语。按照这种理解，二维主义产生于确定指称的过程中，非固定性描述产生第一内涵，固定描述产生第二内涵。

但查尔默斯认为二维主义事实上并不依赖于这些描述主义的观点。尽管名称或自然种类词的第一内涵有时候似乎很接近描述语。比如，把"水"的第一内涵说成是"可饮用的透明液体"，凡是满足该描述的物质就是水的指称。但这仅仅是一种近似的用法，并不是说这种描述就是第一内涵本身。第一内涵严格来说只是一个函项，它体现的是语词中我们先天可把握的那部分意义，尽管这部分意义大抵只能通过描述语来表征。而且，一般认为名称的指称是名称的语言学意义的一部分，而相关描述语的指称却不是那些描述语的语言学意义的一部分，所以二者不是同义词。

因此，查尔默斯强调克里普克反对描述主义的论证并不适用于二维主义，但他并不否认二维主义和描述主义之间存在密切关系。和弗雷格一样，他认为指称并不是意义的全部，人们直觉上仍强烈地感觉到像"长庚星"和"启明星"这样共指称的名称，其意义在某些方面是有区别的，而且，即使它们不共指称在认知上也是可能的。表达式在认知上的区别与这些可能性联系在一起，因此，通过可能性和必然性的分析把握这些认知区别就是一条值得探索的途径。查尔默斯认为这应该成为二维主义的一个指导思想。索姆斯也承认当我们用这些词来表达思想的时候通常都会包含一些描述性的信息，但它们是非语义的。查尔默斯则指出，虽然名称和自然种类词是直接指称，但这依赖于现实世界的呈现方式。

虽然在二维主义和描述主义之间直接画上等号并不合适，但说二维主义是一种弱的描述主义并不会引起什么争议。查尔默斯本人也承认这一点，同时他强调二维主义在继承描述主义的长处的同时又避免它的很多缺陷。比如，克里普克反对描述主义的模态论证和知识论证在二维框架内都可以得到很好的解释。

（二）名称和自然种类词是否是索引性的

卡普兰之所以区分名称和索引词，原因在于前者的指称确定条件是决定它们意义的前语义因素，指称的改变也就意味着意义的改变；而索引词的指称确定条件是语义的，因而指称在语境之间的改变和意义无关。索姆斯认为查尔默斯故意忽略了这一点，至少在《意识的心灵》中他确实把名称和自然种类词视为索引性的固定描述语，而且这种描述语本身并不包含任何名称和自然种类词，它是纯粹定性的，因而"水"和"我""现在"这些索引词一样，其通常意义运用于不同的语境会产生不同的内容。索姆斯坚持克里普克的观点，认为"水"在孪生地球的同音异义表达式只是有着完全不同意义的不同表达式，名称和自然种类词都是固定指称。而卡普兰本人也是一开始就明确区分索引词和名称，反对把索引性扩展到名称和自然种类词。

从语境依赖的角度理解，索姆斯的批评并没有什么问题。因为名称和自然种类词毕竟与索引词有着明显的区别。在任何一种语言中名称和自然种类词的使用都具有特殊的重要性，这类表达式的指称不能由于语境而变得无法捉摸，否则人们将无法把握它，所谓知识也就无从谈起。如果仅仅是把卡普兰的语境原则简单地从索引词扩展到名称和自然种类词，那么这样一种二维主义将很难应对指称论的诘难——尽管这样做能解释后天性与必然性之间的"矛盾"。但问题在于二维主义是否必然蕴涵了名称和自然种类词具有索引性这一观点，如果二维主义能够避免这一结论，那么索姆斯的批评便失去了目标。

首先，查尔默斯承认名称和自然种类词不是索引性的，其特性和语义指称是不变的。同时，查尔默斯反复强调，在《意识的心灵》一书中所描述的二维语义是不完全的，他本人也在《二维语义学基础》这篇文章中对语境的二维主义进行了细致的分析和批评，并明确倡导认知的二维主义。查尔默斯认为按照认知的理解，"水"这样的表达式在某特定语境中指称什么与第一内涵没有关系，因为第一内涵并不是卡普兰的特性或者语境内涵，重要的是孪生地球的某个特定描述在认知上蕴涵了"水不是 H_2O"。这样一种认知主张与"水"没有语境依赖和"水"不是索引词是相容的，这一点我们将在下面继续讨论。

（三）认知内涵是否是私人的和非语义

索姆斯认为，在《意识的心灵》一书中，二维主义是作为一个语义系统出现的，它把弗雷格的含义一分为二，区分出第一内涵和第二内涵，前者是从视为现实的世界到外延，后者是从视为反现实的世界到外延，这种区分实际上与卡普兰对表达式的表达语境和赋值条件的区分相一致。因而第一内涵与卡普兰的特性关系密切，而第二内涵则相应于卡普兰的语义内容。但实际上查尔默斯已经放弃了对第一内涵的语境式理解，转而采用认知概念来定义第一内涵。

索姆斯认为这一种转变实际上是从公开的意义转到私人的思想，其思路是：尽管我们都使用公共语言 L，但我们各自都有自己的内涵以决定我们在思想和交谈中对 L 的运用。因此，尽管句子表达思想，但思想又不必和它们在语义上用 L 表达出来的东西混为一谈。索姆斯认为这种产生思想的系统实际上是一种私人语言，而认知的第一内涵就是把这种私人语言的特性运用于认知上可能的情形中而得到的。因此，所谓"水"和"长庚星"在不同的情形中指称不同物质，这并不是说它们在 L 中的语义指称改变了，而是说它们在认知的私人语言中的指称改变了，也就是说，名称和自然种类词具有一贯的特性和不变的语义指称，但它们还具有随情形而改变的认知指称。

因此这就一方面允许名称和自然种类词是非描述的、非索引性的，另一方面通过区分句子（包含 L 的语义性质）和句子的运用（在我们私人思想产生系统中）来解决关于认知意义以及先天性和后天性的问题。比如，在 L 中，由于"长庚星"和"启明星"具有相同的语义指称，因此"长庚星即启明星"在语义上可能表达一个先天可知的命题，即使它在我的私人的思想产生系统中不是先天的，因为我们平常使用这一思想来表达需要诉诸经验判断。

索姆斯把语境内涵到认知内涵的转变说成是从公开的意义到私人的思想、从语义的到非语义的转变。这种解读是成问题，首先，认知是通往知识的状态和过程，虽然包含一定的心理因素，但并非完全是任意的私人的思想。其次，意义的某个部分和认知领域联系在一起，这并不意味着这部分意义是非语义的，除非像索姆斯那样预先规定语义内容是不变的。正如查尔默斯强调的那样，这些问题涉及我们应该在何种意义上使用"语义的"这个词，而很难说对这个词的哪种运用更正确。

另外，查尔默斯显然仍是受到了克里普克的启发，因为克里普克在解释"水是 H_2O"的后天必然性时承认，虽然"水不是 H_2O"形而上不可能，但在认知想象中是可能的。因此，从认知的角度入手的确能够避免把名称和自然种类词索引化，但由此而来的另一个问题是，如果"水不是 H_2O"仅仅在认知想象中是可能的，那么二维主义就名不副实了。虽然关于名称不是索引词的论证不能驳倒二维主义，但查尔默斯需要证明凡先天可想象的都是形而上可能的。

三、二维语义论证的模态困境

认知模态与形而上学模态的区分是二维语义学中至关重要的一个区分，两种内涵或者说意义的两个维度正是建立在这两种模态的区分的基础上。澄清这两种模态之间的关系就成了二维语义学的一个核心任务。

关于形而上学模态与认知模态之间的关系存在两种不同的观点。一种观点通常被认为是基于克里普克的可能世界语义学和本质主义。克里普克认为，一事物缺乏偶然属性是形而上可能的，但缺乏本质属性是形而上不可能的；有些属性是事物可能具有的，有些属性是事物不可能具有的；不过我们可以设想或想象事物具有它们不可能具有的属性，因为我们不能先天地知道它们不具有这些属性。[①] 索姆斯认为，尽管克里普克并未言明，但当他在阐述这一种观点的时候实际上已经将形而上学可能性与认知可能性做了区分。[②] 这种区分包含两重含义：首先，当经验证据尚未向我们揭示事物的本质，则我们可以在认知想象中对其进行各种设想，并且可以设想当其中一种状态例示出来的时候，与之相关的其他状态，这些就构成了认知可能的空间；其次，当设想的某状态果真得到例示，或者说当经验证据已经揭示事物的本质属性，则与之相关的状态就成了真正形而上可能的状态，但该事物本身缺乏其本质属性却是形而上不可能的，否则就是将先验性与必然性混为一谈。[③] 可以看出，经验证据是区分形而上学可能性与认知可能性的关键，后者的"'可能'纯粹是'认识论上的'——它仅仅表述了我们现在所处的某种无知的或者没有把握的状况"[④]。按照这样一种区

[①] Kripke S. Identity and necessity//Munitz M K. Identity and Individuation. New York：New York University Press，1971：152-153.
[②] Soames S. Kripke on epistemic and metaphysical possibility：Two routes to the necessary a posteriori//BergerA. Saul Kripke. Cambridge University Press，2011：78-99.
[③] 克里普克．命名与必然性．梅文译．上海：上海译文出版社，2005：94.
[④] 克里普克．命名与必然性．梅文译．上海：上海译文出版社，2005：88.

分，如果中枢神经肿胀之于疼痛恰如 H_2O 之于水，那么怪人最多只是认知上可能的，不过克里普克本人明确反对同一论者的这种类比，认为"大脑状态与心理状态之间的对应性具有一种明显的偶然性因素"，强调"躯体状态在没有与之相对应的心理状态的情况下存在的可能性或明显的可能性"[①]，当然，这里的两个可能性都不是形而上学可能性，前一个可能性指逻辑可能性，而"明显的可能性"指的是认知可能性。

另一种观点认为，凡是不具有先天必然性的后天经验命题，不论是偶然的还是必然的，其反面总是形而上学可能的，因为不能先天地排除并非如此的情形——只要对相反情形的设想不会产生矛盾。克里普克对这种观点的描述是："如果这个世界可能被证明是另外的样子，那它也许本来就是那种样子，否认这个事实就是否认自命的模态原理：由某种可能性所蕴涵的东西本身必然的是可能的。"[②]这种理解很容易模糊形而上学可能性与认知可能性的界限，把认知上可能的都看成是形而上学可能的，按照这种方式把怪人的认知可能性稀里糊涂地等同于其形而上学可能性显然是不可靠的。因此，给出二者关系的恰当说明就成为一个相当关键而又十分棘手的问题。查尔默斯试图借助二维语义学解决这一问题，尽管他的解决方案形式漂亮且相当精致，但二维语义学的一个根本假设却同样是基于上述模态直觉，也就是说，我们无需等到经验检验，因为没有理由妨碍我们将认知可能的情形视为现实的，并进而考察与之相关的状态。因此，问题并未得到解决，只是将争论由心灵哲学延伸至了模态语义学。

在阐述第一内涵的意义时，查尔默斯强调，并没有什么明显的证据表明认知模态与形而上学模态之间是不可通达的，也找不到恰当的理由阻止我们将先天无法排除的认知可能性视为现实的[③]。然而，这样做似乎就模糊了这两种模态的界限，二维主义的这一基本策略因而招致了大量的批评。比如，索姆斯认为，当二维主义者毫无限制地将设想的世界状态视为现实的，并进而对相关表达式或命题进行评价或赋值的时候，他们完全忽略了人类的认知局限性，没有看到还存在认知上可能但形而上学不可能的世界状态——显然，并非所有可以一致设想的都是形而上学可能的。

从克里普克对认识论领域和形而上学领域的严格区分出发，我们很容易看出，认知可能性与形而上学可能性之间是存在一道鸿沟的，因为它们显然也是

[①] 克里普克. 命名与必然性. 梅文译. 上海：上海译文出版社，2005：140.
[②] 克里普克. 命名与必然性. 梅文译. 上海：上海译文出版社，2005：127.
[③] Chalmers D J. The two-dimensional argument against materialism//Chalmers D J. The Character of Consciousness. Oxford University Press, 2010：148.

分属不同的领域。基于可设想性或者说可设想性的认知可能性是属于认识论领域——认知上是否可能取决于认知主体知道什么或相信什么，但形而上学可能性并不依赖于人类的知识。比如，哥德巴赫猜想之类的复杂数学命题或公式，其正确与错误似乎都是可设想的，但显然只有其中一种情况是真正可能的。因此，索姆斯赞同克里普克的主张，认为只有这种"真正的"可能性才是形而上学可能性。

至于认知上可能但形而上学不可能的世界状态，索姆斯同样认为我们没有必要严肃对待。因为如果一个世界状态是形而上学不可能的，那就是说，它完全没有实现或例示出来的可能，考察这种情况下说出的语言表达式或命题显然是没有必要的。索姆斯强调，我们想要知道的是不同的"真正可能的"条件下在语义上表达出来的命题，而不是错误地被认为是表达了什么样的命题。这就是说，只有形而上学可能的世界状态才有资格成为说出特定表达式的语境，进而对相关表达式或命题进行评价，换言之，只有形而上学可能的世界状态才能被视为现实的。因此，二维主义的错误正是将仅仅认知上可能但形而上学不可能的世界状态当成现实世界状态，进而考察相关表达式的意义。

如果这一批评成立，二维主义的第一维就成了多余的东西。因此，如何处理这两种可能性之间的关系成了认知二维主义不得不面对的难题。针对索姆斯的批评，查尔默斯首先辩称，他并不否认存在认知上可能但形而上学不可能的世界状态，他要表明的是，认知可能性与形而上学可能性之间以某种确定的方式存在可通达性。但问题在于，如果认知可能性与形而上学可能性之间的联系不是普遍的，那么他的第一维就是受约束的，查尔默斯必须额外地为这种约束性条件提供说明。但问题是他本人从未就此给出一个有力的正面论证或说明。在反对物理主义的怪人论证，也就是所谓的可设想性论证中，查尔默斯正面论证的步骤止于认知可设想性蕴涵认知可能性，接下来关键的步骤，即从认知可能性到形而上学可能性，他诉诸克里普克提到的现象概念不同于物理概念的一个特质，即现象概念的表象与实在并不存在明显的区分。比如，疼痛就是对疼痛的感觉，我们无法将二者截然分开。这意味着现象概念的第一内涵和第二内涵是相同的，查尔默斯认为至少在这种情况下认知领域与形而上学领域之间是直接可通达的。

关于查尔默斯的可设想性论证前文已有分析，这里需要指出的一点是，如果索姆斯对认知二维主义混淆两种可能性的批评是成立的，那么查尔默斯的怪人论证就存在一个明显的循环。因为这样一种二维主义已经主张所有认知上可能的世界状态都是形而上学可能的，又如何能用这样一种理论来证明认知上可能的怪人也是形而上学可能的。如果是这样的话，那么查尔默斯的怪人论证对于传统的可设想性论证并没有什么改进,因为这样的二维主义本身直接支持休谟提出的那条形而上学公理:"凡心灵能够清楚地想象的任何东西,都包含可能存在的观念,换句话说,凡我们所想象到的东西都不是绝对不可能的。"①

对于查尔默斯而言,最直接的反驳就是否认这两种世界状态是共外延的,即将一个世界状态看成现实的是一回事,而这个世界状态本身是否是形而上学可能的是另外一回事。也就是说,将一个世界状态看成是现实的并不意味着这个世界状态本身就有可能成为现实的。这一策略的好处是明显的,既无需修正认知二维主义的核心论题,同时似乎又能避免索姆斯的一些攻击。查尔默斯毫不犹豫地采用了这一策略,他明确说道:"按照我所勾勒出的这个版本的理论,情形被理解为极大认知可能性,而不必预设这种实体是否形而上学可能。按照这种版本的理论,这一构架不能用于可设想性到可能性的直接推理。"②因此,查尔默斯可以说,认知二维主义并非有意要混淆这两种可能性——当我们将可一致设想的特定情形看成现实状态时,我们只是想看看如果现实情况果真如此的话,相关表达式或命题在意义方面会有什么样的变化。

这一主张明显弱化了查尔默斯的认知二维主义,尽管在形式上它对二维结构几乎毫无影响,只不过第一维变成了类似假设或虚拟条件的东西。但这并不足以规避索姆斯的批评,因为如果一个可一致设想的世界状态是形而上学不可能的,为什么我们还要假装它是现实的?我们是在展现我们的无知和糊涂?又或者我们是在尝试弄清楚给定表达式会在什么样的情况下表达错误的命题?可见,这一类似语义上行的策略并不能完全回避索姆斯的诘难。更重要的是它未能就认知模态与形而上学模态之间的关系给出清晰的说明。

此外,还有一个重要问题涉及先天性与认知可能性之间的关系。

索姆斯同意存在先天偶然命题,他给出的例子是包含模态算子"实际上"(用 @ 表示,意即在现实世界或当下实际情形中)的句子③,如"P 当且仅当 @ P",这个句子表达命题 S:"P 当且仅当 P 在 @ 中为真"。S 是偶然的,因此其第二内涵在某形而上可能世界 W 中为假,而 W 同时也是认知上可能的,因此 S 的第一内涵在 W 中也为假,可见先天性并不要求第一内涵在所有认知可能的情形中为真,因而二维主义的观点错误。

查尔默斯认为这一反驳是无效的,首先,索姆斯在解释后天必然性的时候

---

① [英]休谟.人性论.关文运译.北京:商务印书馆,1980:45.
② 参阅查尔默斯未发表的文章 Scott Soames' Two-Dimensionalism. 2006. http://consc.net/papers/soames2d.pdf.
③ Soames S. Philosophical analysis in the twentieth centrury. Vol.2:The Age of Meaning. Princeton:Princeton University Press,2003:417-422.

说，如果命题 P 是偶然的和后天的，则后天必然命题 $@P$ 在某些认知可能的状态中为假。索姆斯的观点似乎前后不一致。

其次，割裂认知可能性与先天性之间的联系也就是割裂了世界状态的认知可能性与命题的认知可能性之间的联系。因为如果某人得知命题 P，他就排除了所有 $\sim P$ 的世界状态。同样，如果某人先天地知道了命题 P，他就会先天排除所有 $\sim P$ 的世界状态，也就是说，如果 P 先天可知且在某世界 W 中 P 为假，那么它就会先天地排除 W 这一认知假设，换言之，W 就不是认知可能的，所以，只要 P 是先天的，它就在所有认知可能的世界为真。

索姆斯承认 T1 基本上来说是正确的，但是不能不加限制的使用，尤其是涉及包含"@"算子的命题。我们能够从先天命题"P 当且仅当 P"推出命题"P 当且仅当 $@P$"是先天偶然的，因为是现实世界 @ 中的主体而不是其他可能世界中的主体能够从 @ 中的真理 P 得出命题"P 在 @ 中为真"，反之亦然，因此，在非现实世界中命题"P 当且仅当 $@P$"之为假与其在 @ 中的先天可知性无关。查尔默斯认为这一策略同样无效，其他世界的主体能不能知道所谈论的问题并没有什么关系，重要的是在我们的世界中先天的知道"P 当且仅当 $@P$"的主体知道什么并排除了什么。

另外，对于认知可能性这一概念，双方存在的分歧也是根本性的。索姆斯认为认知可能状态是一个世界可能具有的最大完全属性（maximally complete properties），这些属性取决于现实世界中实际存在的对象和属性，而查尔默斯的认知可能性是最大完全句子或命题，这一区别显然涉及了从物模态和从言模态的争论。如果按照索姆斯的理解，认知可能性的基础是现实世界中的对象和属性，那么"长庚星不是启明星"的认知可能状态是不存在，而只要金星存在，"长庚星是启明星"就是先天的。查尔默斯认为这明显与我们的直觉相悖，毕竟"长庚星是长庚星"和"长庚星是启明星"在认知属性上是有区别的。

第三节 二维语义论证的二元论结论

查尔默斯的二维语义论证的结论实际上包含两个：肯定的和否定的。否定的结论是经典物理主义描绘的图景是错误的，肯定的结论是现象事实被更深层的实在蕴涵。肯定的结论意味着现象性质萌生于某种内在的本质属性，这些内在本质并不是通过感知或科学揭示给我们，而又与意识紧密地联系在一起，它们本身可能就是现象性质或元现象性质（即通过一定方式结合在一起从而构成现象性质），这种观点查尔默斯称之为泛元心论（panprotopsychism）[①]。

一、查尔默斯的泛元心论构想

查尔默斯的意识理论从不同角度有不同的描述，如自然主义的二元论、非还原性功能主义、信息两面理论等，但最能体现其本体论立场的还是泛元心论。

泛心论的历史由来已久，从传统上看，这一理论与唯物主义是格格不入的，因为它不主张意识产生于物质基础，而认为一切事物中都有心的方面或者意识的元素。然而，查尔默斯却别开生面地试图将泛心论自然化，使之符合已经发现的关于世界的科学规律，因而被称为自然主义的二元论。在查尔默斯看来，之所以放弃经典物理主义的解释而选择二元论主要有以下几点考量。

（1）经典物理主义无法解决意识的困难问题。基于现象性质的反物理主义论证表明，意识的现象性质不可能用科学第三人称的角度来了解，"现象的"和"物理的"这二者之间并没有逻辑随附性关系。

（2）由于现象性质特有的主观性，意识是不可还原的，换言之，意识的现象属性不能从现有的基本物理属性中绎出来，就如同时间、空间以及电荷等不能从更基本的属性中产生出来一样。因此，那我们完全有理由认为，意识与它们一样，本身就是世界的基本特征。

（3）正如解释鸿沟论证所表明的那样，物理学所提供的一切解释和说明都是关于机制和原理的说明，也就是说，物理学仅关注"如何"（how）的问题，所涉及的只是关系属性，但对于"什么"（what）的问题，物理学从来都无法提供任何直接的解释，因为物理学解释并不涉及内在质的属性。那么物理学无法解释的经验的内在质的特征，也就是现象性质或者说感受质，完全有可能就是和基本物理属性一样是宇宙最基本的属性。

当然，还有查尔默斯提出的二维语义论证，最终也得出了这样的结论。不过，与典型的泛心论不同的是，查尔默斯强调这里的"心"有几点不同。

第一，查尔默斯借鉴了物理主义的构成性原则，认为"元心"构成心正如微观层次的基本粒子构成宏观层次的物体。所谓"元心"，它本身或许并不直接是现象性质，但一定数量的"元心"能够以某种组合而成现象性质。在此意义上，他把这一理论称为泛"元"心论。第二，这里的"心"或"元心"是经验

[①] 由于这一观点与罗素的"中立一元论"十分接近，查尔默斯也径直称之为"罗素一元论"。

的质性特征或质性特征的构成成分，其中没有任何唯灵论、生机论或者活力论之类神秘主义的成分，也不是思想、观念等柏拉图意义的抽象实存。因此，这一理论本质上又是自然主义的。第三，虽然意识并不是逻辑地随附于其物理基础上，但它仍然依据某种偶然法则从物理基础上产生出来，这是由于——，第四，这一理论不会与现有物理理论发生任何冲突或矛盾，因为要让功能组织系统具有意识并不需要改变物理规律，只要增加一些目前我们尚无从知晓的桥接律就好。查尔默斯相信，解释意识的现象性质需要发现一些物理规律之外的桥接律，就像马克斯·韦尔引入电磁学定律，解释了新的现象但又不会破坏原有的物理学基础。因此，新的桥接律的引入也不会影响业已建立的物理学规律，只不过是增加了"属性和规律的总量"。

从上面的描述看，查尔默斯的意识理论虽然有明显的二元论倾向，但同时却也表现出足够的唯物主义因素。这是一种颇为奇特的结合，一方面维持物理世界的封闭自足，承认物理学对世界的微观描述；另一方面引入新的桥接律赋予现象性质以基础性地位，表现出二元论的某种形式[①]。正如查尔默斯本人所强调的：

"这一观点可以被称之为二元论的一种变体，因为它假定，在物理学所肯定的属性之外还有基本的属性。但它是一种良性的二元论观点，完全可与科学的世界观和睦共处。在这种方案中，不存在与物理学理论发生矛盾的任何东西；因此我们显然必须进一步增添桥接律，以解释经验怎样从物理过程中产生出来。"[②]

查尔默斯用于解释经验产生的桥接律有以下三条。

（1）结构一致原则（the principle of structural coherence）。即意识的结构与觉知（awareness）的结构保持一致，也就是与信息加工或信息处理的结构相对应。查尔默斯将觉知看成是纯粹的功能概念，即"对于这个控制的可直接利用性"，而觉知的内容就是"具有直接可存取性、至少可在语言使用系统中潜在地予以报告的内容"[③]。由于经验的结构属性本身是可存取和可报告的，这些属性就会直接在觉知的结构中得到表征。查尔默斯认为，这一原则的重要性在于它表明了如下事实：即使认知过程在概念上并不蕴涵有意识经验的事实，但意识和

[①] 查尔默斯认为一元、二元的区分不过是琐碎的语词之争，他的提出的"元心"具有某种中立性，这方面的问题我们在第五章再详加讨论，这里权且满足于这种近似的表达。详见第五章的讨论。
[②] [澳] 查尔默斯. 勇敢地面对意识难题 // 高新民，储昭华. 心灵哲学. 北京：商务印书馆，2002：380.
[③] [澳] 查尔默斯. 勇敢地面对意识难题 // 高新民，储昭华. 心灵哲学. 北京：商务印书馆，2002：383.

认知并非彼此互不相关，而会以一种密切方式保持结构上的一致[①]。因此，这一原则允许我们通过信息加工再现经验的结构，甚至"觉知的机制本身就是有意识经验的关联物"[②]，但这并不具有逻辑必然性，因为并非所有经验属性都是结构属性。比如，"红"的现象性质，就不能在结构描述中来把握。尽管如此，查尔默斯还是强调，这一原则对心理-物理联系仍具有很强的并且是很常见的约束性。

（2）组织不变原则（the principle of organizational invariance）。这一原则被表述为"功能上同型的任何两个系统一定有相同类型的经验"[③]。查尔默斯认为，虽然单纯功能性组织本身还不是有意识的，意识必须额外地添加给功能性组织，但功能性组织提供了构成意识的"元心"，因此，虽然功能性组织与意识并不能相混同，但二者始终是存在密切关联的。查尔默斯相信，如果用硅片复制神经元发挥的功能以及相互作用模式，那么相同的经验就会出现在硅片组成的系统中。他还强调，这一原则与反对物理主义的其他思想实验如怪人假设、感受质颠倒等并不冲突，因为这些哲学假设尽管在逻辑上可能的，或者形而上学可能的，但是从经验上、法则上说是不可能的。

（3）信息两面理论（the double-aspect theory of information）。前两个原则查尔默斯认为是非基本原则，涉及的是高层次概念，信息两面理论表达的是基本规律：信息（至少某些信息）有两个基本方面，即物理的方面和现象的方面，它们分别对应于世界的物理特征与现象特征。查尔默斯承认信息的两面原则思辨性过强而缺乏证据，而且有很多关键问题有待解决。比如，是否所有信息都有现象的方面？查尔默斯倾向于肯定的回答，尽管这有些反直觉，但他认为仍然是合理、简明的，但这就会导致这样的结论：在有简单信息加工的地方，便有简单的经验，在有复杂信息加工的地方，就有复杂的经验。查尔默斯认为不应对此大惊小怪，因为经验作为世界的基本特征如果仅仅偶尔亮相那才是真的奇怪了。

二、物理主义蕴涵泛心论吗

查尔默斯通过反对物理主义得到了泛（元）心论的结论，认为物理主义忽略了物理实在的内在本质并构建了这种本质的信息论解释。而斯特劳森（Galen

---

① ［澳］查尔默斯.勇敢地面对意识难题//高新民，储昭华.心灵哲学.北京：商务印书馆，2002：385.
② ［澳］查尔默斯.勇敢地面对意识难题//高新民，储昭华.心灵哲学.北京：商务印书馆，2002：386.
③ ［澳］查尔默斯.勇敢地面对意识难题//高新民，储昭华.心灵哲学.北京：商务印书馆，2002：387.

Strawson）则试图证明，实在论的物理主义蕴涵了泛心论，或者至少是微观心灵论（micropsychism）。

在斯特劳森看来，大多数号称是物理主义者或唯物主义者的人都稀里糊涂地投身于他们所谓的事业：物理的东西就其本身而言在基本性质上完全是非经验的，即使他们愿意勉强承认，物理的东西本身具有一种能够将其自身显示为意识或经验的本质。因为经验的现象不能从完全的非经验现象中呈现出来，哲学家不得不采取实体二元论、属性二元论、取消主义以及还原主义的各种尝试。斯特劳森试图表明，如果严格贯彻实在论的物理主义，最终必定会导致泛心论。他的论证过程是这样的：

（1）物理主义者认为每一具体现象完全是物理的。

（2）在意识问题上，实在论物理主义者完全是实在论的，因此，

（3）实在论物理主义者必定认为，意识完全是物理现象，并且至少物质的某些安排是有意识的或构成了意识。

出于论证的需要，斯特劳森假定下面（4）和（5）是真的：

（4）实在论物理主义（RP）。

（5）所有物理的东西完全都由同样的基本实体构成。

下面（6）和（7）是斯特劳森要捍卫的：

（6）对于某个事物A，不可能从非A得到A。

（7）意识就是那样的事物。

最后，要反驳目标是下面流行的观点：

（8）物理的东西本身就其基本本质而言，完全是并且绝对是非经验的（NE）。

显然，（4）（5）（6）（7）加起来就得到（8）是错误的：物质不可能就其内在本质完全是非意识的。这就得出：

（9）任何实在论的严肃的物理主义者必定都是微观心灵论者（micropsychist）。

并且承认至少某些终极实在内在地包含经验。由此很容易得出：

（10）任何实在论的物理主义必定至少是泛心论者。

这样，斯特劳森得出结论说，真正的物理主义者必须承认，至少某些终极构成是内在地包含经验的，或者至少必须包含微观心灵论。倘若每个具体的东西是物理的，而每个物理的东西都是由物理的终极实在构成的，且经验是具体实在的一部分，那么微观心灵论作为唯一合适的立场看起来似乎就不仅仅是一种'最佳说明推理'，但也还不是泛心论，因为实在论的物理主义者可以认为只有某些终极构成是内在地经验的。但是他们不得不允许泛心论的可能性，并对

微观心灵论做出重大让步，承认至少某些终极构成必定是经验的，而且向我们展示了最深层的本质。在斯特劳森看来，说有些而非所有的物理终极构成是经验的，就相当于说有些而非所有的物理终极构成是时空的，当然这里的前提是时空确实是实在的一种基本特征。因此，斯特劳森认为，真正的物理主义蕴涵了某种形式的泛经验主义或者泛心论。

斯特劳森没有将"物理的"定义为具体的实在，因为有这样一种可能性是无法排除的，即存在具体实在的其他非物理（而且确实是非时空的）形式。可见，斯特劳森对"物理的"这一概念的使用是较为宽泛的，指向某种广义的物质概念。他承认这样的使用在某种意义上是空洞琐碎的，因为相对于我们的宇宙而言，这种"物理的物质"现在等同于"实在而具体的物质"，而与"物理的"这一词项没有关系。可以考虑这样的论证，一个基本粒子拥有一些基本属性，这在某种意义上似乎是蛮横的，因为没有理由说它在事物的本质中，只要人们达成共识说涌现不能是蛮横无理的。问题是，这种蛮横的涌现意味着每一次涌现都是一个无法解释的奇迹，因为根据这一假设它是真的，即在蛮横的涌现中没有关于涌现者 Y 涌现于其中的 X（那个产生涌现的地方）的什么东西，这无疑是一种矛盾，因为按照随附性论题，Y 涌现于 X 蕴涵着 Y 随附于 X。这就意味着一种严格的类似法则的奇迹，但根据定义这种奇迹又是对自然法则的违反。蛮横的涌现这一概念如何能被接受？如果人们接受了 RP 和 NE，那么这种蛮横的涌现论将是不可避免的。

第四章 现象概念策略与物理概念的修正

基于现象概念的反物理主义论证对经典物理主义构成了严重威胁,解释鸿沟论证表明,现象事实与物理事实之间至少在认知上存在一个跨越,物理主义提供的解释并不能被认为是对现象事实的解释,知识论证则对物理主义的完备性论题提出质疑,认为现象知识不能从物理知识中得出,而怪人的二维语义论证则直接攻击物理主义的一般随附性论题,认为物理事实和现象事实之间并不存在随附性关系。这些论证动摇了经典物理主义的一些基本主张,而其中最关键而又最困难的问题仍是如何解释或消解现象性质,目前物理主义的回应中最有影响力的是现象概念策略。

第一节 现象概念策略与万能论证

现象概念策略被认为是对反物理主义论证最有力的回应,物理主义者提出了众多的具体策略,但仍不能说现象概念策略已经成功解除了反物理主义论证造成的威胁。

如果物理概念是关于物理状态和性质的,那么现象概念毫无疑问是关于现象状态和性质的,我们通过现象概念思考、谈论现象性质,并获得相关的现象知识。现象概念策略试图通过对现象概念的分析来解释现象性质,消除反物理主义论证带来的威胁,捍卫经典物理主义的基本立场。

一、不同形式的现象概念策略

由于现象概念策略和核心是概念分析，所以与语言哲学中的指称理论有着密切关系，现象概念策略最主要的两种类型分别是基于指称论的现象概念策略与基于表征或呈现模式的现象概念策略。布莱恩·洛尔（Brain Loar）对现象概念策略的提出和发展起到了关键作用，在《现象状态》一文中，他认为现象概念都是直接识别（direct recognitional）的概念，具体来说包含两个方面：其一，现象概念直接指称（refer directly）相应现象性质；其二，现象概念的呈现模式（mode of resentation）本身就以某种方式包含相应的现象性质。[①] 洛尔的这篇论文奠定了现象概念策略讨论的基本框架，后来的现象概念策略要么侧重于现象性质对于呈现模式的构成性，要么发展了洛尔的直接指称思想，认为现象概念不需要凭借某种形式的表征或呈现模式才能被领会，也就是说现象概念的指称方式是直接的，无需任何中介。

（1）因果识别（causal recognitional）理论。这一理论基于因果指称理论，迈克尔·泰伊（Michael Tye）和洛尔一样认为，现象概念直接指称相应的现象性质，无需任何中介，其呈现模式为空，不包含任何描述性成分。因此，与专名的因果指称机制一样，现象概念也是通过类似的方式实现对现象性质的指称。

（2）指示词或索引词（demonstrative or indexical）理论。约翰·佩里把现象概念看成是指示词或索引词，如"这""那"等，相当于说"这/那样的现象性质"，就好像说"这是杯子"一样。指示词或索引词是通过相关知觉状态实现对现象性质的指称的。

（3）信息论解释（information-theoredic account）。艾迪迪和贵泽迪尔区分了现象概念与感知概念，认为我们是从自身经验中获得感知概念，而在我们以同样的结构内省自身经验时感知概念也就是现象概念。

（4）高阶意识（higher-order conseiousness）理论。彼得·卡拉瑟斯（Peter Carruthers）同样认为，现象概念无需任何描述性呈现方式，对纯粹认出性概念的把握不需要涉及任何其他东西。他把现象概念与相应现象性质在内省中建立的关联看成是一种亲知（acquaintance）关系，要澄清这种关系就要设定高阶的意识或经验。

[①] 参见 Loar B. Phenomenal states. Philosophical Perspectives, 1990,（4）：81-108.

（5）概念作用（conceptual role）理论。克里斯多夫·希尔（Christopher Hill）和布莱恩·麦克劳林认为，现象概念的不同在于它们发挥的作用不同，对于任意两个概念x和y，我们可以说，如果主体不可能先天地知道它们共指称，那么x和y的指称确定方式肯定是不同的，但不能说，如果它们的指称确定方式不同那么它们就与不同的确定指称的属性联系在一起，因为确认概念指称的时候始终存在内在的现象的维度。[①]

（6）引用（quotational）理论。大卫·帕皮诺（David Papineau）提出，现象概念可以表述为复合词项"经验：——"，空缺代表经验及其现象性质，这就意味着现象概念包含了他所表述的经验及其现象性质。

（7）条件分析（conditional analysis）理论。布拉登-米切尔（Braddon-Mitchell）和约翰·霍桑（John Hawthorne）试图通过现象概念的条件分析给出一种更贴近直觉的物理主义，他们认为现象概念具有条件结构，它们指称的是物理状态还是现象状态取决于现实世界的情形。[②] 这就是说，如果现实是世界包含非物理的东西，那么怪人就是可能的，但如果现实世界被证明是纯粹物理的，那么怪人就是不可能的。

总的来看，这些现象概念策略包含以下几个共性：①坚持物理主义的本体一元论，即认为在本体论层面上一切都是物理的，只存在物理实体与物理属性，现象性质即使存在也同一于特定物理属性；②概念二元论（conceptual dualism），即认为同一本体的两个性质对应于两个不同概念；③通过对现象概念的分析解释现象性质并消解反物理主义论证。

由于反物理主义论证几乎都是从物理的与现象的之间存在认知上鸿沟出发来构造论证，所以，现象概念策略把重心放在解释为什么我们会产生认知鸿沟这样的直觉。这一策略将物理的与现象的之间的偶然性关联归结为我们看待问题的不同视角：我们既可以用直接的、主观的、内省的方式觉知意识，也可以用间接的、客观的、外在的方式谈论意识，不同的视角使用的是不同的概念体系，前者是现象概念体系，后者是物理概念体系。不论如何，这些概念体系虽然在认知上是彼此独立的，但这并不妨碍对于它们谈论相同的对象。这就类似卡尔纳普的实质说话方式和形式说话方式的区分，换言之，现象概念策略试图表明，所谓心身问题，所谓意识的困难问题，都只是由于使用不同概念系统谈论同一对象而造成的混乱。

[①] Hill C, McLaughlin B. There are fewer things in reality than are dreamt of in chalmers' philosophy. Journal of Phenomenological Research, 1999, (59): 445-454.

[②] Braddon-Mitchell D. Qualia and analytic conditionals. Journal of Philosophy, 2003, (100): 111-135. Hawthorne J. Advice for physicalists. Philosophical Studies, 2002, (109): 17-52.

二、查尔默斯反对现象概念策略的万能论证

针对物理主义的现象概念策略，查尔默斯试图对所有不同的现象概念策略提出一个统一的反驳，也就是他所说的"万能论证"（a master argument）。他首先概括了现象概念策略的一般论证结构：

存在有关人类心理关键特征的命题 C，并且

（1）C 是真的，从而将它所断言的关键特征归于我们；

（2）C 解释了我们在意识问题上存在解释鸿沟；

（3）C 至少原则上能够得到物理主义的解释。[1]

查尔默斯认为，同时满足（2）和（3）的命题 C 是不存在的。其论证同样诉诸可设想性：如果 P 为宇宙的全部物理真理，那么 $P\&\neg C$ 是否可设想？换言之，是否可以设想世界的所有物理状态不变而 C 所描述的心理特征完全消失？按照查尔默斯的分析，如果能够设想，则说明 C 涉及物理主义无法解释的现象性质或感受质，这样的话 C 即便能解释认知鸿沟，但它本身却被物理主义排除在外；如果不能设想，那么，C 就与现象性质无关，它本身就是物理的，这样的话 C 不可能解释认知鸿沟。

因此，查尔默斯断言，所有的现象概念策略都面临一个两难：C 要么自身得不到物理的解释，要么就不能解释认知鸿沟，因此 C 不可能同时满足（2）和（3），所以所有版本的现象概念策略都是无法成功的。

关于查尔默斯的万能论证，帕皮诺等指出，现象概念策略对于关键问题"$P\&\neg C$"是否可想象可以提出第三种回答：既可以设想又不可设想。因为 C 在本体论上是一元的，只涉及物理性质，但在认知层面上 C 又是二元的，同一物理性质既可以用物理概念描述也可以用现象概念描述。因此，当我们以现象概念来理解 C 的时候，$P\&\neg C$ 在认知上就是可设想的，当我们以物理概念把握 C 的时候 $P\&\neg C$ 又是不可设想的。这样一来，C 既能解释现象的与物理的之间的认知鸿沟，其自身又能得到物理主义的解释，从而避免了查尔默斯指出的两难。

从这种争论可以看出，C 的特殊性——本体论上一元，概念上二元——造成了一种奇特的局面，当万能论证以 C 之物理性责难其不能解释现象性质认知

---

[1] Chalmers D J. Phenomenal concepts and the explanatory gap//Alter T, Walter S. Phenomenal Concepts and Phenomenal Knowledge: New Essays on Consciousness and Physicalism. Oxford: Oxford University Press, 2007: 172.

鸿沟时，物理主义者却以此表明 C 能够得到物理主义的解释，与物理主义是相容的；当万能论证以 C 之现象性指责其无法获得物理解释的时候，物理主义者却以此表明 C 能够解释现象性质。这就是双方陷入一种尴尬的僵局，要取得突破就不得不寻找另外的可能进路。

第二节 物理概念的修正

在物理主义与反物理主义的持续争论中，物理主义本身的立场也在发生变化。这种变化的首要动力源于经典物理主义关于"物理的"这一概念的界定本身所造成的困难，也就是所谓的"亨普尔两难"，再加上反物理主义论证的强大压力，迫使部分物理主义试图通过重新定义"物理的"来回避这些问题和困扰。

一、经典物理主义的物理定义

经典物理主义对"物理的"这一概念的界定主要建立在物理学的基础上，比如，前文提到的物理主义的三个基本论题——随附性论题、因果排他论题和结构性论题，都与物理学断言的基本原则相关，特别是结构性论题，完全建立在实在论的物理学基础上。杰弗里·赫尔曼（Geoffrey Hellman）和汤普森（J. F. Thomson）曾这样描述物理主义对于物理学的依赖：

"数学物理学作为科学中最为基础和综合性的部分，在所有科学架构中占据了特殊地位。在最不严格的意义上，物理主义就表现为这种特殊立场……作为本体论实在论的一种观点……断言，大致上，在被解释的意义上，所有的东西都是数学－物理实体，任何东西都可以被说成是满足了（相关对象语言）L 中的基本的绝对的物理谓词名录中的任意谓词。这样一个名录可能包含如'是一个中微子'、'是一个电磁场'、'是一个四维复合'以及'以遵守现有方程（比如爱因斯坦的方程）的力而关联在一起'等。"[①]

基于物理学方法刻画物理实体部分地反映出传统唯物论演进到物理主义的历史进程。正如克莱恩和梅勒指出的那样，唯物论规定了物质的决定性特征——不可入、持存、决定论的交互作用等；然后主张所有的东西（无非）都

[①] Hellman G, Thomson F. Physicalism: Ontology, determination and reduction. Journal of Philosophy, 1975, (72): 551-554.

是物质的[1]。但当代物理学表明物质很少表现出这些特征。因此，唯物论进化为物理主义，其标志性的转变是从作为本体论解释基础的实体的先天说明到后天说明，尤其是，什么是"物理的"仅取决于物理学。由于微观物理学奠定的本体论世界观在心灵哲学中被广为接受，这就使得心理属性或意识属性亟须一种能够与物理主义本体论相容的解释，因此，关于"物理的"定义首先是对"物理属性"的定义。在物理主义者中，这一定义有如下三种进路：

（1）一个属性是物理的，当且仅当它在物理学中发挥解释功能；

（2）一个属性是物理的，当且仅当它与某种范型物理属性是同类的；

（3）一个属性是物理的，当且仅当它不是抽象的也不是心理的。

这些解释的区别在于对物理学在定义物理属性时发挥的作用有不同理解。第一种进路排他性地依赖于物理学，这意味着在科学领域内缺乏解释功能的都不能算是物理的。第二种进路承认有可能存在物理学中并未提及的物理属性。不过它仍被认为是隐含地诉诸了当代物理学理论，因为正是它为我们提供了范型物理属性。但物理学对于这一进路的重要性不应被高估，因为常识也能挑出某些范型物理属性，比如有广延或者有速度。第三种解释甚至没有暗示物理学，它是通过与其他两个显著不同的领域的分离来为物理属性划界：物理属性是那些既非抽象也非心理的属性。

这三种定义都面临严重的困难。首先，第一个定义依赖于物理学中受到支持的解释功能，这将会导致所谓的"亨普尔两难"（Hempel's dilemma）[2]。一方面，但我们说属性 F 是物理的当且仅当它包含于当前物理学，这样定义物理属性将是琐碎的，因为我们目前的物理学理论有些很可能被证明是错误的；当然会有一些物理属性是现在的科学家难以想到的。这一点很难否认，除非我们宣称现在的物理学已经包含了全部的基本物理属性，但这显然不是明智的立场。因此，现有物理学会导致物理属性的不当扩展。另一方面，如果我们诉诸理想物理学：F 是物理的当且仅当它包含于完全的理想物理学，这也是行不通的。因为这就使物理主义在内容上将是不确定的。我们可以想象决定我们世界的微观领域的那些基本属性中，存在某属性 F 直觉上是属于心理的。由于理想物理学会为我们的世界的基本层次设计一种完全的理论，那它就会包含属性 F。这样一来，理想物理学很可能会包含非物理属性的属性。这样就导致物理主义两难的局面：要么是琐碎地为真，要是容纳直觉物理上无法接受的实体。因此，我们

---

[1] Crane T, Mellor D H. There is no question of physicalism. Mind, 1990, (99): 185-206.
[2] Hempel C. Comments on Goodman's ways of worldmaking. Synthese, 1980, (45): 139-199.

不可能诉诸理想物理学来定义物理属性，也不可能把物理属性看成是那些在物理学中发挥解释功能的属性。

第二种定义同样面临麻烦。假定存在这样一种范型物理属性，向左自旋，并且断言一个属性 F 是物理的当且仅当它和向左自旋这一属性属于同类属性。即使我们能够得到关于两个属性如何就是同类属性的似真解释，我们的这个定义仍然是不充分的。原因很简单：这个定义对物理主义者显然是没有用的。我们可以设想每一属性都具有一个内在的精神实质，这样的话，我们就不可能通过范型属性挑出物理属性。因为这样定义术语"物理属性"将不仅包括物理属性还包括心理属性，那物理主义的立场就无法维持了——如果泛心论是对的，那么物理主义就是错的。而如果物理属性用于属性 F，即使 F 具有隐藏的现象本质，那么物理主义者的想法（我们的世界中每一基本属性都是物理属性）就和泛心论者的想法（每一例示的基本属性都是心理属性）是相容的甚至是一致的。这样我们就不能将无理属性看成是那些与样例物理属性同类的属性。

第三种进路提供了处理这一问题的一种办法。我们可以通过排除那些具有心理本质或现象性质的属性来解释物理属性。也就是说，可以将"物理属性"定义为：一个属性 F 是物理的当且仅当它与样例属性是同类属性并且 F 不是心理的。但这仍无济于事，因为它直接意味着泛心论是错的。这种错误是被规定的，即使泛心论的确是错的，那也不应该是通过证据或论证解释出来，而是一开始就将其排除。其他预设了物理属性本质上是非心理的定义也存在差不多类似的问题。因为在任何定义中，只要定义项中包含短语"F 是非心理的"，那么这个定义就是与泛心论不融贯的。这就与我们不能通过规定排除泛心论的原则相冲突。因此，我们不可能将物理属性看成是那些非心理的非抽象的属性。

既然对于物理主义者而言，这些进路都靠不住，我们似乎不得不得出结论说物理主义者不可能得到关于物理属性的充分定义。但如果物理主义者无法提供这种定义，他们就无法为"什么是'物理的'"这一问题提供确切的解释。而如果他们无法说清楚他们相信的是什么，那么他们所相信的东西也就应当受到质疑。这使一些物理主义者开始尝试重新界定物理主义，主要体现为两种进路：一种是重新描述物理的与心理的之间的关系，另一种是重新界定"物理的"。

二、严格蕴涵与最小物理主义

经典物理主义的最小论题是建立在随附性关系的基础上的，但这种关系受到二维语义论证的猛烈攻击，物理主义者试图为物理主义找到另外的基础。一种替代是柯克建议的严格蕴涵（strict implication），另一种是杰克逊和查尔默斯的应用条件（application conditionals）（尽管有些区别但相当一致）。

严格蕴涵是这样一种条件，即后件所陈述的事实，其实现必须以前所陈述的事实的实现为绝对前提。前件事实与后件事实之间的关系并不只是规律或规则必然性，因为规则必然性允许这样的可能性，即条件之后件所陈事实是某种额外的事实，而不是在前件中被陈述过的事实。为了排除这种可能性，前后件关系要以这样的方式来理解：后件的陈述仅仅是对前件中描述的事态（states of affairs）进行再描述（redescription），或者如果事态概念受到质疑的话，可以换成"世界"概念，这对于严格蕴涵关系不会造成影响。如果前件只包含物理学术语，并且描述的是纯粹物理的世界，那么后件就被认为是以不同的术语（如现象术语）来描述同一个世界。严格蕴涵的要点是表达了物理主义的本体论直觉，即物理的东西不是仅仅充分地决定心理的东西，而是说除了物理事态，心理的东西什么都不是。

柯克将他的最小物理主义概括为如下三个论题：

（1）以物理学术语构建的关于我们世界的真陈述的总和严格蕴涵以心理术语构建的真陈述的总和；

（2）后者并不严格蕴涵前者；

（3）除了严格蕴涵的前件严格蕴涵的东西，无物存在；

于是，物理主义的表述就由论题（4）给出：

（4）如果存在任何关于世界的真陈述，它并非由 P 的严格词汇表达，那么这一陈述就是以不同的方式谈论、描述或解释由 P 详述的那同一个世界。

这里 P 表示能够以理想物理学的词汇表达的所有真陈述的集合。柯克的严格蕴涵指出了心理语句和物理语句都是关于同一事实的，换句话说，使物理语句为真的同一事实使得心理语句为真。物理主义排除的是这样一种事实，即心理语句是因特殊的心理事实而为真，这些心理事实并不被包含在那些使物理语句为真的事实的集合中。表面上看，物理主义的表述有论题（4）的辅助似乎能更好地表达物理直觉，但其实并非如此。论题（4）需进一步澄清，因为人们可以追问在何种意义上，非物理的真语句是对同一世界的不同的谈论。而柯克对论题（4）的澄清本质上又诉诸严格蕴涵概念。

比如，句子"存在山脉"之为真并非由于物理学语汇中使任何句子成真的单一事实。"山脉"是日常语言和地理学的词汇，而不是物理学的。但是如果我们考虑使句子成真的关于物质微粒（分子、原子和）分布的巨大事实，那么这些事实的一个子集会使它为真。因此，对现象性质的澄清要么是说后件的句子之为真是由于使物理语句为真的元素构成的事实的集合，要么就诉诸严格蕴涵的帮助。

三、新的物理概念：作为内在本质

经典物理主义对物理概念的解释是建立在物理学基础之上的，但在《关于"物理"的两种概念》一文中，斯托贾提出了两种关于"物理"的概念，试图通过物理概念自身的调整消解反物理主义论证。

斯托贾的区分是基于这样一种普遍看法，即物理学理论处理的是结构和功能，因为它只能刻画外在的倾向性属性，但显然更多的属性需要被看成是物理的。因此很多人认为倾向性具有内在的范畴基础，并且倾向性属性的因果效力也恰恰是由于其范畴基础。物理主义者必定会说这些内在属性也是物理的，否则的话，物理主义就错了。这样来看的话，"物理"或"物理的"概念不仅涉及物理学理论告诉我们的外在的倾向性的属性，也包括当前物理学理论没有告诉我们的内在的范畴属性。这两类属性并不是共外延的，因此倾向性属性相同但内在的范畴属性不同完全是可设想的。

按照斯托贾的建议，第一类物理属性所涉及的物理概念是经典物理主义所依赖的建立在物理学理论上的概念（the theory-based conception），标记为 T- 概念，相关物理属性标记为 T- 属性；第二类物理属性所涉及的物理概念是建立在对象基础上的概念（the object-based conception），标记为 O- 概念，相关属性标记为 O- 属性。相应地，T- 概念框架内的所有物理事实可以称为 T- 事实，O- 概念框架内的所有物理事实可以成为 O- 事实。

在这样一种区分的基础上，斯托贾通过下面四个不融贯的命题有效地讨论了心身问题[①]：

[①] 参见：Stoljar. D. Two conceptions of the physical. Philosophy and Phenomenological Research，2001，（62）：253-281.

(1) 如果物理主义是真的，那么先天物理主义是真的。
(2) 先天物理主义是假的。
(3) 如果物理主义是假的，那么副现象论是真的。
(4) 副现象论是假的。

斯托贾论证道：如果我们使用新的物理概念来澄清（1）~（4）中的物理主义，那么就不存在不融贯的问题。

首先，关于（1）如果物理主义是真的，那么先天物理主义就是真的。物理主义认为心里的东西随附于物理的，按照随附性论题可以很自然地得出心理真理先天地被物理真理蕴涵。按照这一观点，只要我们知道所有物理真理，那怪人就是不可设想的。还有一种心理物理的后天同一关系，但对于这样一种同一关系不存在解释性的基本原理，因此这样的同一性关系是有问题的。

关于（2）先天物理主义是假的。如果先天物理主义是真的，那么人们原则上能够在物理真理的基础上知道所有的心理真理，包括关于现象性质的真理。但大量的论证（主要是知识论证和怪人论证）表明，现象性质至少在认识上不同于物理的东西：关键是物理学的结构属性和功能属性都不能构建这种内在的质性属性。因此，再多的物理真理也无法蕴涵关于现象性质的真理。因此先天物理主义是错的。但是斯托贾表示，如果引入 O-物理主义，情况将发生变化：

(2-O) 先天 O-物理主义是假的。

这就是说感受性质随附于 O-物理属性，以及 O-物理真理先天蕴涵质性真理都是错误的。考虑到认识论上的差异，我们没有理由接受（2-O）。黑白房间中的玛丽可能知道所有的 T-物理真理，但是无法知道所有的质性真理。但玛丽无法知道所有的质性真理，因为它并不知道所有的物理真理。因此，对于整个知识论证而言，先天物理主义可能是真的。

怪人论证的关键前提是可以设想我的物理摹本没有质性状态。这对于 T-物理摹本而言是真的，但对于 -O 物理摹本而言就是假的，因为物理学理论没有告诉我们范畴属性，我们对其本质知之甚少。我们只能设想我们能够很好地理解事物的本质，因此我不能设想我的没有意识的孪生摹本。

（3）如果物理主义是假的，那么副现象论就是真的；如果物理主义是假的，那么就存在非物理的心理的属性；如果我们相信物理因果闭合原则，那么非物理属性就不会引起物理的东西。因此，这些心理属性就是副现象。

但在这里，斯托贾强调，下面的论题是假的。

（3-T）如果 T-物理主义是假的，那么副现象论就是真的。

一方面，如果 T-物理主义只处理倾向性属性，并且我们相信倾向性属性只是凭借其范畴基础才具有因果效力，那么我们不需要说存在某些物理属性，即 O-属性，是有因果效力的。但是即使 T-物理主义是假的，副现象论也可能是假的，因为原因可以归于 O-物理属性。另一方面，如果 O-物理主义是假的，心理的东西在因果方面就无事可做了，因而副现象论这时候是真的。

（4）副现象论是假的。现象性质的证据源于记忆、内省和知觉的认知系统，副现象的属性对这一系统不产生任何因果效力。但我们的确有现象性质的证据，因此现象性质必定具有因果效力的属性，所以副现象论肯定是假的。

总的来看，通过上述分析就得到一个融贯的四元组：

（1）如果物理主义是真的，那么先天物理主义就是真的。

（2-T）先天物理主义是假的。

（3-O）如果 O-物理主义是假的，那么副现象论就是真的。

（4）副现象论是假的。

斯托贾区分的两种物理主义无疑是物理主义自身的一次革新，因为它涉及对物理主义所依赖基本概念的重新界定，O-物理主义显然是一种带有中立性质的一元论，它是对象的内在的、质性的范畴属性，以某种方式成为现象性质的基础。这些主张在某种程度上与查尔默斯的泛元心论颇为接近。这标志着物理主义的立场与二元论的立场在彼此靠近，这同样也形成一种非常微妙的局面，物理主义和反物理主义双方都承认有这样一种内在的、质性的、范畴属性，而且这种属性既可以现象术语来描述，也可以用经典物理术语来描述，这就使得这种关于现象性质的考察显得更加扑朔迷离。接下来，我们进一步考察这种现象性质的来源和基础。

第三节　现象性质的再考察

随着争论的深入，物理主义者和反物理主义者都把事物的内在的、质性的部分当成是积极争取的对象，斯托贾将其称为 O-属性，查尔默斯将其称为"元心"。归根结底，这是现象性质本身的中立性造成的，而这种中立性在很大程度上又源于经验本身的中立性，这就不得不追溯到与现象性质颇有渊源的感觉予料（sense-data）概念。

一、现象性质的渊源：经验与所予

知觉经验包括对感觉予料的觉知，这是 20 世纪上半叶流行的现象主义坚持的一个主要观点。当代心灵哲学的讨论中已经很少将注意力放在感觉予料上，"什么是知觉的直接对象？"这样的问题被认为是旧时代哲学的提问方式。在当代哲学讨论中，知觉的感觉予料理论往往被认为是明显荒谬的，因为它承诺了神秘的非物理对象。不过不可否认的是，哲学概念和哲学思想的发展始终是一个连续的过程，现象主义关于感觉予料的困惑与我们现在关于感受质或现象性质的困惑有密切关系。对感觉予料的考察将有助于我们廓清目前现象性质的尴尬局面背后所隐藏的根源。

感觉予料被认为是经验的直接对象，这样的话，我们对于感觉予料的觉知就存在于那些有关经验的事实中，这属于哲学反思而不是科学理论的内容。于是，似乎可以恰当地说，对感觉予料的觉知就是从"具有一个经验究竟是怎样的"思考中获得的某种东西。既然"具有一个经验究竟是怎样的"这一事实对于我们而言是明显的，或者对于反思而言是明显的，那么感觉予料的存在对于我们而言也是明显的。然而，保罗（G. A. Paul）在 1936 年的论文《感觉予料是一个问题吗？》中道出了这样的困惑：

> "一些人认为他们无法发现这种（作为感觉予料的）对象，而另一些人声称他们搞不懂这种对象的存在怎么可能存在怀疑。"[1]

显然，这种困惑与我们现在关于现象性质的直觉争论所面临的情况几乎如出一辙。反物理主义者认为现象性质的实在性是如此明显，而一些物理主义者认为这是完全无法接受的。而现象性质和感觉予料都与经验相关，二者本身就存在密切的关系。因此有必要对感觉予料概念做进一步的考察。

一般认为，首次引入感觉予料概念的是摩尔，他将颜色、大小、形状等事物给予或呈现给感觉的东西称作感觉予料[2]，后来他又把颜色排除出去了，因为颜色是附着在特定形状上的额外的属性。[3] 这样感觉予料和感觉就有了明显的区

---

[1] Paul G A. Is there a problem about sense-data//Swartz R J. Perceiving, sensing and knowing: Abook of readings from twentieth-century sources in the philosophy of perception, 1965: 103.
[2] Moore G E. Sense-data // Baldwin T. G E. Moore: Selected writings. London: Routledge, 1993: 48.
[3] Moore G E. Hume's theory examined // Baldwin T. G E. Moore: Selected writings. London: Routledge, 1993: 65.

分，前者是呈现给心灵的，后者是觉知到予料的动作或事件，也就是所谓经验的"行动-对象"理论。做出这一区分后，感觉予料的问题就出现了，因为对于感觉予料可以有两种相当不同的解释：一种是将感觉予料看成是独立于心灵的对象呈现于经验中的东西；另一种认为感觉予料并非独立于心灵的对象。感觉予料对象究竟是第一种还是第二种？摩尔并没有给出明确的回答。起初他否认说感觉予料是普通的物质对象，因为两个人可以看到相同的对象，而没有两个人能感觉到相同的感觉予料。[1] 这表明了知觉的一种间接实在论的解释：感觉予料、非物理对象是经验的直接对象，凭借这些东西我们才能觉知到物理对象。但后来他又回到了直接实在论，在《捍卫常识》一文中，他试图以无可争辩的方式再次定义感觉予料：存在感觉予料这是无可置疑的，因为我现在就在使用它。[2] 摩尔的论证方式有些特别，他首先要求我们看自己的右手，然后他说，人们在这样做的时候会很自然地认为，他所看到的并非右手的全部，而只是右手的外表的一部分。进一步的问题是，他所看到的右手的外表的这部分是否等同于右手的外表的那部分，这也是可怀疑的，一些哲学家会说是，而另一些哲学会说不是。然后摩尔说他所谓的感觉予料就是在这种情况下哲学家有的说是有的说不是的东西。[3]

鲍斯玛（O. K. Bouwsma）对摩尔的定义方式提出批评，他认为感觉予料不能以这种中立的方式来辨别，除非我们已经确切地了解了摩尔所谓的感觉予料是什么[4]。如果我们按照摩尔的说明，辨认出我们右手的外表，我们将无法怀疑我们已经辨认出的东西就是我们右手的外表，除非我们已经将其作为可能不是我们右手外表的东西辨认出来，也就是说，正是摩尔的感觉予料概念助长了怀疑的可能，而不是相反。

但是鲍斯玛的批评实际上并没有领会摩尔的要点。摩尔的目的是要说出，在何种意义上所有哲学家基本上都赞同的某种东西。他们在是否看到一个人的手的外表的问题上有分歧：有人说看到是手的外表，有人说不是。但是当有人否认"它"是一个人的手的外表时，他所谈论这个"它"是什么？这个它就是摩尔的感觉予料概念所意指的东西：经验的对象，不管它是什么。

---

[1] Moore G E. Sense-data // Baldwin T G E. Moore：Selected writings. London：Routledge, 1993：51.
[2] Moore G E. A defense of common sense // Baldwin T.G E. Moore：Selected writings. London：Routledge, 1993：128.
[3] Moore G E.A defense of common sense // Baldwin T.G E. Moore：Selected writings. London：Routledge, 1993：128-129.
[4] Bouwsma O K. Moore's theory of sense-data//Schilpp P. The philosophy of G.E. Moore.New York：Tudor Publishing Company, 1942：201-222.

普莱斯正是在此意义上阐发摩尔的感觉予料概念："感觉予料意谓的是一个中立词项……这个术语的意谓表示的是其存在不容置疑的（尽管是稍纵即逝的）某种东西，是所有的知觉理论都应该由之开始的某种东西。"① 为了解释其存在毋庸置疑的这些东西究竟是什么，普莱斯举了看西红柿的例子：

"当我看见一个西红柿的时候有很多东西是我可以怀疑的。我可以怀疑我正在看的是不是一个西红柿，还是说只是一个巧妙上色的蜡块儿。我可以怀疑那儿是不是真的有物质的东西……但有一件事情无法怀疑：存在一个圆的并且形状有点鼓胀的红色的东西，处于其他颜色斑块的背景之下，并且有一定的视觉深度，而这整个色域呈现于我的意识……这时候我不能怀疑有一个红色的圆圆的东西存在……它现在存在并且我对此有意识——至少我（意识到它了）不能怀疑这一点。这一特殊而极端的呈现于意识的方式叫做被给予（being given），因此而被呈现的东西就是予料。"②

普莱斯指出这里可以被怀疑的是我看到的是一个西红柿，或者那个东西是一个物理对象。但我不可能怀疑的是我正在看的是某个红色的圆圆的东西。于是，和摩尔一样，普莱斯将感觉予料作为一种实体引入，而不管它究竟是什么，凡是以这种特殊而极端的方式在经验中呈现给意识的都是感觉予料。

因此，普莱斯的要点是，知觉经验是关系性的：经验将我们和给予我们的东西联系起来。后来罗宾逊（H. Robinson）就在他的"现象原则"中采纳了这一观点：当某人具有一个感觉经验（某个东西是 F），那就存在某个他正在经验的 F。这个原则在某种意义上是无争议的，因为它蕴涵了基础主义的不可错的认识论，或拒斥怀疑论的一种尝试。布劳德遵循了同样的路线，他认为，当我们从他所谓的纯粹现象学观点来处理知觉的时候，知觉就是对时空中有颜色和广延的物体的表面的"表面地"领会（ostensibly prehensive）③。

普莱斯虽然反对说感觉予料的存在依赖于我们对它们的觉知，但他也不能直接地将感觉予料直接同一于物质对象或它们的外表，否则，物质对象对于经验而言就不是不可或缺的。无论如何，既然经验是关系的这一点无可置疑④，所

---

① Price H. H. Perception. London：Routledge, Kegan Paul, 1932：19.
② Price H. H. Perception. London：Routledge, Kegan Paul, 1932：3.
③ Broad C D. Elementary reflexions on sense-perception //Swartz R J. Perceiving, sensing and knowing: A book of readings from twentieth-century sources in the philosophy of perception, 1965：32.
④ 当然，经验是关系的，这一点也并非是不可否认的，比如知觉的副词理论认为，既然假定心灵之外存在感觉予料是荒谬的，那么这些予料所标志的在经验中区别肯定是经验自身修正的：感觉感觉到蓝色的斑块应该被理解为蓝色地感觉着（sensing bluely）。

有的经验都有对象，那么经验的对象就不是物质对象。而且，既然呈现于我们心灵中的东西并不存在于我们的心灵之中，那么感觉予料应该就是非物质、非心理的对象。

摩尔和普莱斯所认为的明显的东西是现象学的，知觉具有某种关系特征，而经验涉及某种被给予的东西。在此意义上，他们认为感觉予料的存在是不可否认的。总之，感觉予料是以对象的区别解释经验的不同，然后将这种不同归结为经验的属性的不同。

二、作为所予属性的现象性质

关于现象性质的表述中，应该说"感受质"（单数为 quale，复数为 qualia）是技术性最强的术语，而且通过这一术语可以发现现象性质与感觉予料的内在关联，因此这部分着重考察感受质概念。

第一个在现代意义上使用这一术语的哲学家是皮尔士（C. S. Peirce），不过他是在一般意义上谈论经验像什么，而不是我们今天通常说的经验的感受质。詹姆斯（W. James）和一些新实在论者有时也用这个术语专门讨论感觉，但并没有被赋予独特的意义。感受质的技术性使用主要归功于 C. I. 刘易斯在《心灵与世界秩序》一书中的讨论。刘易斯区分了"呈现或给予心灵的"直接材料和心灵对那些材料的"建构或解释"。在这一区分中，刘易斯强调，所予是保持不变的，与我们的兴趣无关，与我们的思维或想象无关。[①]

然而，所予的存在并不意味着我们有能力描述它，因为"在描述它的时候……我们对它的描述是将它置于某一范畴或者它的别的什么被挑选出的（并且以特定且不可避免的方式与之相关的）重要方面之下"[②]因此，所予在此意义上是不可言传的：绝对的所予是一种"似是而非的现在"（a specious present），它融合着过去趋向未来而没有真正的边界。[③]刘易斯认为，在任何经验的呈现中，呈现的内容要么是单纯的感受质，要么是可以分析为单纯感受质的复合，呈现本身作为一个事件是独一无二的，但构成该事件的感受质却不是，在不同的经验中它们是可再认的。[④]

因此，在刘易斯那里，感受质就成了所予的属性，并且感受质不应被混淆

---

① Lewis C I. Mind and the World Order. London：Constable，1929：58.
② Lewis C I. Mind and the World Order. London：Constable，1929：52.
③ Lewis C I. Mind and the World Order. London：Constable，1929：58.
④ Lewis C I. Mind and the World Order. London：Constable，1929：60.

为外在世界中的对象的客观属性。因为客观属性本质上始终比感受质更为复杂，而且其存在并非所予的那种"似是而非的现在"，同一客观属性（如某种颜色）能够在不同情境下导致很多不同的颜色的感受质。在刘易斯看来，正是将对象的属性与感受质混为一谈导致了"无感觉的感质"（unsensed sensa）的荒谬。我们拥有客观属性的知识，但我们没有关于感受质的知识。

刘易斯关于感受质的论述还表明了"感受质颠倒"的可能性：

"感受质是主观性的；它们在日常会话中没有名称，但可以通过迂回修辞的方式（比如看起来像）显现出来……这样说来，能够指示一个感受质的只能是将其置于经验中，也就是说，指示它重复出现的条件或它的其他关系。这种定位并没有触及感受质本身；如果正在个体的全部经验中，这种感受质能够被抛置于它所处的关系网络之外，并且被其他的东西替换，那么这种替换不会对社会利益和行为利益造成任何影响。"[1]

于是我们可以谈论感受质，通过比较它们在世界中的属性，通过它们与使它们显示出来的东西的关系来确定它们。但以这种方式通达于感受质显然是间接的。大卫·刘易斯将感受质理解为事件的属性，这种事件就是"所予的呈现"。尽管这一观点很难与感受质的主观性相协调，但并非没有办法，因为存在于心灵之外并不意味着独立于心灵。一个对象即使存在于心灵之外也可能依赖于心灵：它可以是觉知的对象，不同于觉知它的心灵状态，它通过对自身觉知而被带入存在。

大卫·刘易斯的描述使感受质更接近于感觉予料，然而，将感受性等同于感觉予料的属性遭到很多当代哲学家的反对，他们乐于承认作为现象性质的感受质，但认为这和感觉予料或任何形式的所予都毫无关系。他们也认同弗斯（R. Firth）对大卫·刘易斯的解读："大卫·刘易斯从来没有犯托马斯·黎德如此雄辩地指责笛卡儿和英国经验论者所犯的那种错误，即把感觉经验看成是知觉的对象。"[2]

这里，"把感觉经验看成是知觉的对象"成了对感觉予料理论的一个常规批评：我们的知觉中的确有感觉，但这并不意味着我们知觉那些感觉。毋宁说，我们因具有感觉而知觉到对象——这是感觉在知觉中发挥的唯一作用。的确，刘易斯不会说我们知觉到经验，因为一个经验是觉知到所予的状态。但我们觉

---

[1] Lewis C I. Mind and the World Order. London: Constable, 1929: 124.
[2] Firth R. Lewis on the given //Schilpp P. The philosophy of C. I. Lewis. LaSalle, IL: The Open Court, 1968: 331.

知到了所予：所予不是感觉，但这并不构成说它不是感觉予料的理由。对感觉予料理论这种批评忽略了这一点，因为正如我们在摩尔和普莱斯那儿看到的，感觉予料理论小心翼翼地区分感觉予料和感觉这些感觉予料的行动，他们并未承诺这样的观点：我们看到了感觉。

因此，刘易斯的感受质理论和感觉予料理论在核心主张方面是类似的：在经验中，有某些东西被给予。二者之间的区别在于，刘易斯认为经验的质性属性在某种意义上是不可错的，并且只能被间接描述；但在共同的所予承诺的语境中，这是一个相对不怎么重要的差异。就核心承诺而言，大体上可以说所予是感觉予料，而感受质是其属性。

当代哲学家对感受质和感觉予料的态度与刘易斯大相径庭。感觉予料被当代哲学一致拒斥，经验是对非物理对象的觉知这一观点被认为是坏认识论和心灵哲学的过时的产物。而感受质则被大多数当代哲学认可，并且被看成是对经验作出物理主义或自然主义解释时无可否认的、必须面对的特征。

刘易斯和古德曼等对感受质的讨论都没有和心身关系以及意识问题联系起来，直到心脑同一论出现——费格尔在《心理的和物理的》一文中认为，关于感受质存在的论证是有说服力的，而且费格尔也相信，"物理知识只涉及宇宙中事件的形式或结构，然而亲知却涉及存在的内容或感受质"[1]。这里的分歧在于刘易斯否认感受性是可知的，而费格尔认为它们可以通过亲知而获知（对于刘易斯而言亲知不是知识的一种形式）。直接经验中的所予的因素导致了心身问题：由于允许存在关于感受质的知识，费格尔明确陈述了后来我们熟知的知识论证（当然，他并没有得出物理主义错误的结论 这就为我们给出了刘易斯的感受质概念与当前针对物理主义的感受质问题之间的一种关联。而当前二元论与物理主义争论的焦点恰恰就是关于感受质或现象性质的是能够以何种方式与现有的物理主义本体世界观相一致，二元论在这方面给仍然显示出强大的生命力。

---

[1] Feigle H. The "Mental" and the "Physical". Minneapolis: University of Minnesota Press, 1967, 370-497.

第五章

现象性质与新二元论

第一节 语词之争：现象性质的一元论与二元论

物理学揭示的是物质的关系结构而不是物质的内在本质（quiddities）——这一观点是罗素在《物的分析》中明确提出的。按照这一观点，经典物理学告诉我们很多关于物质的事实，但关于物质的内在本质它什么也没有说。正如我们在前面看到的，这一洞见成了反物理主义直觉的重要来源，同时又是斯托贾区分 T- 物理主义和 O- 物理主义的重要理由。

一、本质是物理属性还是现象属性

传统形而上学区分了实体和属性，而属性通常又被区分为本质的和非本质的；在接受现代物理学，特别是微观物理学的主要理论成果的前提下，我们可以说本质是发挥物理学所指定的基本功能的那些基本属性。换句话说，本质是物理学所刻画的微观倾向性的范畴基础（categorical bases）。这种本质显然不同于功能或倾向性本身。如果认为只有功能或者倾向性属性而没有其他直接的属性发挥那些作用或者作为那些倾向性的基础，那这种观点实际上就是否定了本质的存在。

本质是否真实存在？这是一个极困难的问题。结构主义的倾向论是物理学中最重要的基本理论之一，按照这种理论，物理学从来只包含结构和倾向。在很多人看来，这种观点是不充分的甚至是错误的，因为它会导致没有本质的世界。尽管还不能确定地说本质不存在，而且，即使假定本质是存在，也很难说清楚它究竟是什么，但无论如何，从表面上看，假定本质的世界观是完全融贯的，鲜有确凿的证据反对它，尽管本质主义的观点受到很多批评，但完全取消本质同样会导致严重的困难。特别是如果将本质看成是对"是什么"这一问题的回答，那么取消本质将是无法想象的。

无论如何，这里的关键问题在于，这种本质究竟如何界定，本质是否是物理属性？关于这一问题的回答会产生不同的一元论和二元论版本的形而上学理论，由于这些理论都涉及罗素对本质的洞察，所以都可以称作"罗素式"的。如果本质是物理属性，那么查尔默斯所谓的"元心"就不是不同于物理属性的东西，也就是说微观现象属性也都是物理属性，而宏观现象属性是由物理属性建构的，因此唯物论是真的。如果本质不是物理属性，那么宏观现象属性将是由非物理属性建构的，从而某种形式的二元论是真的。

查尔默斯认为，对这个问题的回答需要首先要将物理属性区分窄物理属性（narrowly physical properties）和宽物理属性（broadly physical properties）。窄物理属性是微观物理功能属性，比如，"具有质量"的倾向性属性，或者"具有充当质量作用的属性"这样的二阶属性。宽物理属性是包含了实现相关功能的任何属性在内的物理功能属性，如质量倾向的绝对基础、发挥质量功能的一阶属性。

在这一区分中，窄物理属性包含微观实体的结构属性但排除了本质，而宽物理属性既包含结构性又包含本质。这里结构属性指的是，只用结构概念就能充分刻画的属性，包括逻辑、数学和规则概念，甚至时空概念。查尔默斯认为，如果用拉姆塞语句来刻画基础物理学，只用结构概念基本上能够做到。但对于本质，仅用结构术语来刻画几乎是不可能实现的。因此，如果有本质，并且本质是物理主义的，那么它是宽物理的而不是窄物理的。

作出这一区分之后，本质是不是物理属性的问题就变成了一个术语使用问题，因为我们可以用术语"物理的"来涵盖窄物理属性，也可以用它来涵盖宽物理属性，这些用法的不同选择只是语词的问题。显然查尔默斯的这一区分与斯托贾对两种不同物理概念的区分有异曲同工之处，而且造成的效果也是类似的——物理主义与反物理主义关于现象性质争论变成了琐碎的语义问题的争论，也就是所谓的语词之争，这在某种程度上又契合了卡尔纳普的策略——以说话方式的转变来消解心身问题。

二、现象属性与物理属性的关系

物理属性有时候仅限于物理学理论中谈到的那些属性，如空间、时间、质量、电荷等基本属性，以及以这些基本属性为基础的高阶属性。这些属性也就是查尔默斯所谓的窄物理属性，斯托贾冠之以"T-物理属性"，而斯特劳森将其称为"物理学的"属性（"physics-al" properties）。这种意义上的物理属性显然是很普通的，但如果使用这些术语的扩展意义，比如宽物理属性概念，或者斯托贾的O-物理属性，斯特劳森囊括所有自然属性的"物理学的"概念，那么，即使本质不是T-物理属性，它们也可以在扩展的意义上被看作是物理的。查尔默斯认为由此产生的立场可以看成是某种扩展的罗素式物理主义，也就是现象属性看成某种扩展意义的物理属性。

如果物理属性限于窄物理属性或T-物理属性，紧接着就会产生如下问题：现象属性和物理属性（如质量）之间的关系是什么？按照查尔默斯的观点，要回答这个问题，就必须澄清"质量"这类术语或概念是如何发挥作用的。可以从以下几个方面来考察。

首先，可以将质量看成是实际上发挥质量作用的属性。按照这种处理方式，只要存在实际上发挥质量作用的本质，那本质就可以被看成是质量。查尔默斯将这种观点称为罗素式同一论（Russellian identity theory），因为它认为现象或元现象属性同一于物理属性，如质量。这种理论显然可以追溯到斯马特、普莱斯和大卫·刘易斯等提出的同一论。他们的理论为心理表达式提供了一种话题中立的分析（如疼痛指的是发挥疼痛作用的任何东西），从而认为这些表达式具有物理指称（C纤维发挥了疼痛作用）。罗素式的同一理论反过来提供了物理表达式的一种话题中立分析（质量指称凡是发挥质量作用的东西），进而认为它们具有心理或元心理指称（现象或元现象的本质发挥了质量功能）。

其次，可以认为质量指称的是具有发挥质量作用的属性所具有的二阶功能属性。按照这种观点，质量并不同一于发挥质量作用的本质，但我们可以说质量是由那个本质实现的（一个关系密切的观点认为质量指称的是一种倾向性属性，由作为其范畴基础的本质显现出来）。查尔默斯将这种观点称为罗素式实现理论（Russellian realization theory），因为这一观点认为物理属性是由现象属性或元现象属性实现出来的。罗素式实现理论可以看成是功能主义实现理论的一个版本。按照功能主义的实现理论，心理属性是二阶属性（疼痛是具有发挥疼痛作用的属性的一种属性），这些属性是由物理属性实现的。

按照罗素式的实现理论，如果假定能实现的属性不同于被实现的属性，那么本质自身显然不可能是 T- 物理属性。在此意义上，罗素式实现理论不是物理主义的，因为它假定只有 T- 物理属性才是物理属性，而物理属性本身则是由作为本质的现象或元现象属性显现出来的。这就使这一理论成为某个版本的泛心论，可以看成是罗素式泛心论的一种形式，因为它将基本现象属性看成是物理属性的基础。当然还可以提出另一种形式的泛元心论版本，即基本现象属性是物理属性和现象属性的共同基础。这些都可以看成是罗素式一元论的某种变形，或许还有一种混合观点，可称为罗素式多元论，如果某些本质是现象的而有些是元现象的或者与现象无关的。

最后，可以认为质量所指称的倾向性属性并不是由作为其范畴基础的本质实现出来的。按照这种观点，范畴的和倾向性的属性都是基础的，彼此互不奠基。如果把物理属性限定为 T- 物理属性以及奠基于 T- 物理属性的属性，显然就会得到罗素式的属性二元论：基本物理属性（倾向性属性，如质量）和基本的现象或元现象属性（相应的本质）具有同等地位。

当然，这种观点还可以主张，倾向性属性同一于它们的范畴基础，这样得到的就是就是另一种版本的罗素式同一理论：物理属性同一于现象或元现象属性。与 A 型物理主义和 B 型物理主义的区分相一致，查尔默斯将前面讨论的版本称为 A 型罗素式同一论，因为它基于物理术语的功能分析。这里的版本他称为 B 型罗素式同一理论，因为它假定物理属性和现象/元现象属性之间的野蛮同一性。

可以看出，这些区分的关键在于建立一种关于质量和物理属性的正确的语义学，尽管其背后的形而上学的框架是相同的。因此，罗素式唯心论、中立一元论和多元论的区别取决于有关推断性实体的问题，即"具有本质是怎样的"这种东西是否存在。而罗素式属性二元论和后天同一论之间的区别取决于有关可能实体的问题，即倾向性属性是否奠基于或同一于或取决于他们的范畴基础。

罗素式的一元论是物理主义的一种形式，还是二元论的？查尔默斯仍然将这一问题归结为语词之争。我们可以一般地满足地说它是宽物理主义的一种形式，而不是窄物理主义。因此，查尔默斯认为，回答现象或元现象属性是否是物理属性这一问题其实有很多选择，这就涉及捍卫什么样的属性可以算作物理属性，还有如何构建物理术语的语义学。而每一个选择都将导致罗素一元论刻画的细微区别。

第二节 泛心论的再考察

泛心论通常被理解为这样的观点：某些基本的物理实体具有心灵状态或意识经验。比如，即使宏观物体（如砖头、石块之类）不具有心灵状态，但如果夸克或光子有心灵状态，那泛心论就足以成立了。由于心灵或意识的标志往往被归结为有意识的经验，所以这一观点有时也被称为泛经验论（panexperientialism）。泛心论往往被当做一种不明智的理论而被忽略，但这种态度本身显然并不是一种严肃的反驳。虽然泛心论似乎与日常直觉相悖，但实际上任何关于意识的理论都在某种程度上包含着反直觉的因素。在《泛心论和泛元心论》一文中，查尔默斯系统考察了泛心论的可能版本，并且捍卫了一种泛元心论的观点[①]。

一、罗素式与非罗素式泛心论

查尔默斯认为，可以将泛心论首先区分为罗素式泛心论（Russellian panpsychism）和非罗素式泛心论。罗素式泛心论将某些本质归结为微观现象属性。这一观点首先要求本质是存在的，而这些本质中至少有一部分是现象的。比如，发挥物质功能的属性就是某种现象属性，或者说发挥物质功能的那种质就是某种现象的质。罗素式泛心论处理了两个形而上学问题：一是现象属性在物理的自然世界中的位置，二是物理结构背后的内在属性究竟是什么？罗素式泛心论为这两个问题提供了一个整体解决方案：基础现象属性发挥基础微观物理功能并为基础微观物理结构奠基。

非罗素式泛心论认为微观现象属性并不发挥微观物理功能。这种观点预设了与物理因果网络中的属性相当不同的微观现象属性。非罗素式泛心论在心理因果性方面显然会面临明显的问题，相比之下，罗素式泛心论显然更加合理。

在进一步讨论论之前，首先要区分两个概念：宏观经验（macroexperience）和微观经验（microexperience）。前者包括宏观现象属性的例示，比如人和其他

---

① Chalmers D. Panpsychism and panprotopsychism, 2013, 8: 1-35.

宏观实体（macroscopic entities）（即非基本物理实体的实体）所具有的某种意识经验。微观经验是微观实体具有的经验，包括微观现象属性的例示。

显然，如果泛心论是正确的，那么存在微观经验和微观现象属性。但问题在于我们很难明确定义微观经验是什么，而且就目前我们对意识的了解，对这种微观经验作出较为细致的描述是极为困难的。关于微观经验，我们似乎只能粗略地说，它与人类经验相比存在相当的不同。首要的一点是，它比人类经验要简单得多，就像红色的经验与有意识的思想相比之流要简单得多，同样地，也可以说夸克的经验比红色的经验要简单得多。要使这一问题更加具体，我们就需要一个恰当的关于意识的泛心论，但目前为止，我们这看不到这种泛心论的希望。

按照这种泛心论，微观现象属性是现象属性的本质和基础。也就是说，微观经验发挥微观物理作用的同时构成了宏观经验。换言之，世界归根结底由负载基本微观现象属性的基本实体构成，而这些微观现象实体通过具有物理学规律所描述的结构的基本规律而相互关联，所有这种微观现象结构也用于建构宏观现象领域的东西，正如微观物理结构用于建构宏观物理领域的东西。

类似地，关于罗素式泛心论是否是物理主义这一问题，可以采用同样的方式通过区分窄物理主义（现象真理奠基于窄物理真理）和宽物理主义（现象真理奠基于宽物理真理）来回答。这样一来建构性或构成性的罗素式泛心论和窄物理主义就是不相容的，但和某种形式的宽物理主义是相容的。相同的情况又出现了，窄物理主义或宽物理主义是不是真正的物理主义，这个问题的争论又不免陷于语词之争。

二、构成性与非构成性泛心论

构成性泛心论（constitutive panpsychism）指的是，宏观经验（全部或部分）形而上学地奠基于微观经验。换言之，它是这样一种理论：宏观经验由微观经验构成，或者由微观经验显现出来。按照这种观点，宏观现象真理的获得是由于微观现象真理，在大致相同的意义上，唯物论认为宏观现象真理的获得是由于微观物理真理。构成性泛心论认为微观经验以某种方式合力产生了宏观经验。这一观点允许宏观经验并非完全奠基于微观经验，比如，它可以奠基于和微观经验加上某种更进一步的结构或功能属性一起。

非构成性泛心论指的是，存在宏观经验和微观经验，但微观经验并不为宏观经验奠基。非构成性泛心论典型的是涌现泛心论，认为宏观经验从微观经验和/或微观物理强有力地涌现出来。查尔默斯进而区分了两种不同的涌现泛心论：一种涌现泛心论可能认为存在一种偶然的自然律，详述了微观经验何时产生特定宏观经验；另一种涌现泛心论认为存在连接微观物理属性和微观现象属性（还有宏观物理属性与宏观现象属性）的自然律，但微观现象的东西和宏观现象的东西之间不存在构成性联系。查尔默斯认为，非构成性泛心论继承了二元论的很多问题，相比之下，构成性泛心论更加合理。

构成性罗素式泛心论可能是最重要的泛心论形式，因为它可以避免反物理主义的可设想性论证和反对二元论的因果论证。

首先，关于可设想性的怪人论证，按照查尔默斯区分的窄物理属性和宽物理属性，我们将得到两种不同的怪人：窄物理摹本的怪人和宽物理摹本的怪人，按照查尔默斯的术语，前一种称为结构怪人（structural zombies），因为他们只复制了我们的关系物理结构，后一种称为范畴怪人（categorical zombies），因为他们也复制了内在的范畴属性。

当我们按照典型的方式设想怪人时，我们其实设想的是结构怪人。我们认为物理结构是确定的，但关于本质的确定我们的确没有任何想法，因为我们完全不知道本质是什么？这种标准的怪人直觉提供了很好的理由认为结构怪人是可设想的，但没有什么理由认为范畴怪人是可设想的。如果这是对的，加上可设想性-可能性论题最多也只能得出结构怪人的可能性而不能得出范畴怪人的可能性。

这样的结果就是，关于可设想性的标准考量最多只能用于破坏窄物理主义，而对于宽物理主义无损分毫。因此，这些考量对于反对构成性的罗素式泛心论毫无效力，因为这种泛心论是宽物理主义的一种形式而不是窄物理主义的一种形式。

关于反对二元论的因果论证，查尔默斯考察了构成性罗素式泛心论中经验的因果作用。他认为，微观现象属性毫无疑问在物理中起因果作用，它们是在最基础的物理层次发挥因果作用的属性，比如，一个起质量作用的微观现象属性在因果上有责任吸引其他实体等。这种因果并不违背任何物理定律，相反，这种因果构成了物理定律。

在查尔默斯看来，构成性泛心论允许宏观经验从微观经验继承因果关联。这就意味着如下观点或许是合理的：被建构的属性能够从建构的属性中继承因果关联性。比如，一个台球能够从制作它的材料那儿继承因果关联性。关于微观层面与宏观层面的因果排他性问题的讨论表明：当这个层面的实体构成性地关联在一起，就不需要因果排他。这就得出构成性的罗素式泛心论与微观经验和宏观经验的强劲的因果作用是相容的。如果微观经验是因果上相关的（正如罗素式泛心论所认为的），而微观经验构成了宏观经验（正如构成性的罗素式泛心论所认为），我们可以说宏观经验也将是因果上相关的。

关于因果论证，查尔默斯认为我们需要区分两种版本的论证。一个版本诉诸宽物理的因果闭合来论证现象属性奠基于宽物理属性。这个版本的论证前提都是似真的，而构成性罗素式泛心论可以愉快地接受其结论。另一版本诉诸窄物理的因果闭合来论证现象属性奠基于窄物理属性，而构成性罗素式泛心论肯定会拒绝其结论，它们可以很轻易地拒绝前提。窄物理事件的完全因果解释将诉诸宽物理属性，一个因果解释如果完全以窄物理属性的术语进行，那么这个解释就是不完全的。这就是说，如果一个观点认为本质是存在的，那么宽物理领域可以是因果闭合的，但窄物理领域将不是因果闭合的。结果是因果论证最多用于确证宽物理主义而不是窄物理主义。这又是构成性罗素式乐于见到的结果，因为它属于宽物理主义而非窄物理主义。

按照非构成性泛心论，即使微观经验是因果相关的，宏观经验仍将处于宽物理网络之外，因此会导致副现象论、交互论或超决定论。按照非罗素式泛心论，很难看出微观现象属性何以是因果相关的，三重困境同样随之而来。因此，泛心论的各版本中，似乎也只有构成性罗素式泛心论能胜任现象性质的解释，但这一理论还面临另一问题，即组合问题的严重威胁。

三、组合问题的挑战

组合问题由西格系统表述，不过其基本思想是詹姆斯提出的[①]。这个问题可以表述为微观经验如何组合才能产生宏观经验。至少很难看出个别实体拥有的个别经验如何能结合产生复合实体拥有的某种复合经验。尤其困难的是如何能

---

① 组合问题近年来成为对泛心论的强有力的挑战，参见 Seager W E. Consciousness, information, and panpsychism. Journal of Consciousness Studies. 1995, 2: 272-288; Seager W E. Panpsychism, aggregation and combinatorial infusion. Mind and Matter. 2010, 8 (2): 167-184; Basile P. It must be true but how can it be? Some remarks on panpsychism and mental composition. Royal Institute of Philosophy Supplement, 2010. 85 (67): 93-112; Blamauer M. Taking the hard problem of consciousness seriously: Dualism, panpsychism and the origin of the combination problem//Blamauer M. The mental as fundamental. Ontos Publishing House, 2011: 99-116. Coleman S. Mental chemistry: Combination for panpsychists. Dialectica, 2012, 66: 137-66; Coleman S. The real combination problem: Panpsychism, micro-subjects, and emergence. Erkenntnis, 2014, 79 (1): 19-44; Goff P. Experiences don't sum. Journal of Consciousness Studies. 2006. 13: 53-61; Rosenberg G H. A Place for Consciousness. Oxford University Press, 2004: 115-119; Skrbina D. Mind Space: Toward a solution to the combination problem//Blamauer M. The Mental as Fundamental. Ontos Publishing House, 2011: 117-130.

产生那种我们在自己身上发现的那种独特的宏观经验。

组合问题是采取可设想性论证的方式提出来的思路。这里 PP 指的是关于世界的微观物理和微观现象真理的合取，Q 表示宏观现象真理，如"某些宏观实体是有意识的"。

（1）PP&¬Q 是可设想的；

（2）如果 PP&¬Q 是可设想的，那么就是可能的；

（3）如果 PP&¬Q 是形而上学可能的，那么构成性泛心论就是错的；

（4）构成性泛心论是错的。

这里前提（2）和（3）与反对唯物论的可设想论证的相应前提是类似的，也可以由相同的理由而得到支持。因此，关键的是前提（1），这个前提断言泛心论怪人的可设想性：它在物理上和微观现象层面与我们同一（其实整个世界都在物理上和元现象层面与我们的世界同一）但没有宏观现象状态。

罗素式先天同一理论可以认为怪人是可设想的但是不可能的，因为物理术语中的非琐碎的二维结构（比如，质量的第一维挑出任何发挥质量功能的东西，第二维挑出实际发挥质量功能的本质）。罗素式唯心论者、中立一元论者、属性二元论者可能认为怪人是可设想的和可能的，因为结构属性与不同的本质相联系的可设想性和可能性条件是独立于现象的东西，甚至这种结构属性根本就不和任何本质相联系。

为什么要相信泛心论怪人是可设想的？或许这仅仅是一种直觉，因为我们似乎完全可以设想一个人具有所有的微观经验但却没有宏观经验。但也可以诉诸詹姆士在《心理学原理》中反驳泛心论时提出的一个原则来辩护。这一原则是：没有任何一个意识主体的集合需要进一步设定另一意识主体的存在。按照查尔默斯的理解，这也就是可设想性中的关键原则：给定任一意识主体的任一集合，以及不在该集合中的任一意识主体，我们始终都可以设想该集合中的所有主体而没有更多主体。更具体地说，给定关于意识主体集合的肯定的现象真理任意合取 S，以及任意有关不在该集合中的意识主体的肯定性现象真理 T，那么 S 且非 T 是可设想的。

我们可以说这些原则诉诸的是主体之间的鸿沟：一个主体的存在到另一个主体的存在有认知鸿沟。然而，这些原则不也是诉诸直觉的？乍看之下，似乎可以设想，意识主体的任一集合可以单独存在，无需更进一步的主体。但如果这是正确的，构成性泛心论就麻烦了。给定意识主体拥有的全部经验，我们可以说微观经验是由微观主体拥有的，而宏观经验是宏观主体拥有的，那么按照上面的原则，我们可以设想任意数量的微观主体具有它们的微观经验而没有任何宏观主体具有宏观经验。这就是说，我们可以设想所有实现的微观经验真理的集合而没有肯定的宏观经验实现。

这一结论已经排除了一种构成性泛心论（宏观经验完全奠基于微观经验）。为了排除所有版本，包括那将宏观经验奠基于微观经验加物理结构的版本，我们可以诉诸一种修正的原则，根据这一原则，上面谈到的情形中，$S\&S'\&\neg T$ 是可设想的，这里 S' 表示初始集合中元素的物理或结构属性。有了这一原则，前提（1）就能得出来了，而如果前提（2）和（3）得到赞同，那么构成性泛心论就被排除了。

或许泛心论的这一问题使得泛元心论更占优势，但对于泛元心论而言同样存在组合问题：元经验何以能组合产生经验。我们也可以按可设想性论证的方式提出这一问题。

提出组合问题的一种方式是可设想性论证的形式：

（1）$PPP\&\neg Q$ 是可设想的。

（2）如果 $PPP\&\neg Q$ 是可设想的，那么就是可能的。

（3）如果 $PPP\&\neg Q$ 是形而上学可能的，那么构成性泛心论就是错的。

这里 PPP 表示所有微观物理和元现象真理的合取，Q 表示宏观现象真理。同样，这里关键的是前提（1）。它断言元现象怪人的存在：微观物理层面的元现象和我们一样，但没有意识。和现象怪人的可设想性相比，元现象怪人的可设想性或许不太明显，因为关于元现象怪人什么我们并没有一个清晰的概念。无论如何，对于任意非现象真理，我们可以设想所有这些真理实现但却完全没有任何经验。

对于这一点，一个可能的辩护是诉诸非主体和主体之间的鸿沟：没有一个关于意识的非主体性的真理的集合蕴涵了不同意识主体的存在。或者，可设想性的关键：对于任意例示了非现象属性的非主体的集合，以及任意表现出现象属性的独立主体，我们可以设想前者而无需后者。这一原则自然导致了上面的前提（1）。

为什么要相信这一原则？一个可能的辩护是：主体是基本的概念实体。按照这种观点，只要主体是形而上学基本实体，那么它们并不奠基于更基本的实体。同样地，如果它们是概念上的基本实体，它们也不会在概念上奠基于更基本的实体，人们可以认为它们的存在并不先天地诉诸其他实体的存在。

另一个可能的辩护是非质与质（非定性与定性）之间的鸿沟。关键在于，现象属性是定性的，因为它们构成性地包含红性、绿性之类的质性，人们始终可以设想前者实现而后者不实现。元现象属性是非定性的原则，导致元现象和现象的鸿沟，这样就能为前提（1）辩护了。

泛心论和元泛心论都面临组合问题的挑战。此外，由于分有一系列问题，每一种观点都面临着独特的困难而其他观点则没有：主体-主体鸿沟之于泛心论，非现象-现象鸿沟之于泛元心论。对于问题的严重程度见仁见智。主体-主体问题可能更困难，而泛元心论可以从中获益。所有这些问题都只是挑战而非拒斥，而这些挑战需要作出回应。

当然，物理主义也面临它自身的组合问题：微观实体和属性如何能结合产生对象主体、质性等这个挑战对于物理主义同样困难。但我们应该在辩证法上保持清楚。泛心论的同情者典型地已经拒绝了物理主义（至少是非罗素式的），恰恰是基于物理和经验之间的鸿沟。但问题在于，泛心论是否能做得更好。它至少在一个方面试图做得更好：它能容纳经验的存在，仅当把经验作为基础层面的东西。但不清楚的是，它是否在解释宏观经验的复杂明显特征方面做得更好。

相比之下，二元论可以免受组合问题的冲击。实体二元论尤其如此，它假定了基本实体（经验主体）来承载宏观现象属性。对于这种观点，就不存在主体组合问题的推理了。如果二元论将宏观现象属性作为基本属性，还有它们的结构、质性，以及其他内在特性，那么将同样不存在其他组合问题。

二元论的问题是我们所熟悉的心理因果问题而不是组合问题，还有经济原则的问题（为什么要假定那么多基本实体）。泛心论和泛元心论，至少是构成性罗素式的，并不受这些问题的困扰。它们仅假定理解物理学所需的基本实体和属性（至少如果人们认为物理学需要本质），他们提出一个关于这些属性的本质的专门假说。按照这一情形，现象属性被整合进因果序列。

实体二元论（副现象论和交互论形式的）和罗素式一元论（泛心论和泛元心论形式的）在意识的形而上学中是一对竞争对手，至少如果人们放弃标准的物理主义的话（我的立场在二者之间）。所以，在某种程度上，我们新的辩证法使罗素式一元论（又一次）遭遇实体二元论。结果是，一方的经济问题和因果问题对另一方的组合问题看看哪个更严重，如果这些问题中的一个能够被解决或者被证明是无法解决，那就构成了心身问题的重要进步。

第三节　副现象论的再考察

在第二章第三节讨论怪人与副现象论的关系时，我们已经简单谈到副现象论，为了进一步考察副现象论是否有可能作为一种理论选择，我们还需要对它进行深入的探讨。"副现象的"（epiphenomenal）这个词实际上源于医学，最初用于描述那些对病情的发展并无因果影响力的症状，当然，这并不意味着这些症状完全没有物理上或医学上的影响。同样地，我们可以假定，例示了有意识的心理状态的神经生理状态及事件是因致人和动物行为的神经生理状态的副产品。它们也许对其他的神经生理状态有物理上的影响，但至少不会因致人和动物行为的产生。这种形式的副现象论被称为经验的副现象论，以区别于形而上学的副现象论。

形而上学的副现象论在形式上既可以是二元论的也可以是唯物论的。按照二元论的形式，神经生理状态和过程在本体论上因致了截然不同的心理状态和过程，但这种心理状态和过程并不因致神经生理状态和过程，也不产生任何其他物理结果。按照唯物论的形式，导致人和动物做出各种行为的，是例示了心理状态和过程的神经生理状态和过程，而不是心理状态和过程本身；或者说，按照这个观点通常的表述，心理状态和过程只是凭借神经生理状态和过程才因致了人和动物的行为。

形而上学的和经验的副现象论共同之处在于，都主张心智和/或意识对于行为在因果上是惰性的，神经生理状态和过程足以解释后者。但它们捍卫这一主张的方式不同。前者认为心智和/或意识在因果上是惰性的，因为它们本身在因果上对于物理状态和过程无能为力，而后者认为它们在因果上惰性是因为例示了心智和/或意识的神经生理状态和过程并没有在决定动物和人行为的因果链条中发挥作用。

一、自动机与早期副现象论

按照斯坦福哲学百科对副现象论的定义，副现象论指的是这样一种理论，它主张心理事件由大脑中的物理事件因致，但不影响任何物理事件。因为与感觉刺激、神经冲动和运动反应有关的物理机制足以在因果方面解释人和动物行为的产生。副现象论的基本主张通常首先被归功于赫胥黎，但实际上他并不是第一个提出这样观点的人，在当时也有一批具有唯物论倾向的哲学家支持副现象论。在赫胥黎之前明确阐述副现象论的主张的至少有斯伯丁（D. A. Spalding）和霍奇森（S. Hodgson）。斯伯丁在1873～1877年间发表的一系列评论文章中就曾多次表达了副现象论的观念，比如，他曾经谈道："认为所有的自愿行为都不像行星运动或拼写电文那样，完全的而且必然的是纯粹物理的先行发生的事件的结果，这种看法是没有根据的。不论意识和神经活动之间是如何发生关联的，作出断言，即认为神经元放电的数量或者方向或多或少依赖于先行发生的或相伴随发生的意识状态，都是不必要的，也是不合理的。"① 在评论乔治·刘易斯（George H. Lewes）的著作《心灵的物质基础》时，斯伯丁认为，科学的发展已经迫使我们不得不承认，所有的运动必定都是先行发生的纯粹物理事件所导致的，神经活动必定完全依赖于物理的东西。②

对于经典副现象论的描述经常会提到两个著名的类比：一个是将心理事件与神经生理机制之间的关系类比于蒸汽机与其工作时发出蒸汽鸣笛；另一个是将这种关系比作汹涌的波浪与其产生的泡沫，在这两个例子中前者对后者都没有因果上的影响。蒸汽机的类比应该是斯伯丁首先提出的③，而波浪的类比则要归功于霍奇森④，尽管霍奇森本人实际上并不赞同副现象论，而支持某种形式的平行论。

与赫胥黎同时期的克利福德（W. K. Clifford）和莫斯利（H. Maudsley）也表达过类似的观点。但包括赫胥黎在内，这些哲学家实际上并没有使用过"副现象论"或"副现象的"这样的术语。"epiphenomenalism"这一术语应该是詹姆斯·沃德（James Ward）在1903年才首次使用的。⑤ 在此之前，只是威廉·詹姆士在《心理学原理》中第一次使用"副现象"（epiphenomenon）来指谓缺乏因果效力的现象，这主要针对的是赫胥黎、霍奇森、克利福德和斯伯丁等关于心灵和意识的理论，也就是所谓的"自动机理论"，因为心智或意识在这种理论中仅仅是"副现象"，是"中枢神经系统的自主机械功能的一个旁观者"⑥。可见，自动机概念与副现象论之间的确存在很强的关联，副现象论正是从自动机理论中衍生出来的。

"自动机"的发明人笛卡儿将16～17世纪在科学上大获成功的机械原则扩展到具有自主行动能力和生命过程的动物。笛卡儿显然已经意识到支配自然世界的机械原则对于人的自由意志和自由行为是一大威胁，在这个意义上其实体

---

① Spalding D A. The relation of body to mind. Nature，1874：178-179.
② Spalding D A. The physical basis of mind. Nature，1877，16：261-262.
③ 同样是在 The Relation of Body to Mind 这篇评论文章中，斯伯丁使用了蒸汽机车的例子来回应反对者，这篇文章发表于1874年1月，而赫胥黎谈论这一类比的文章《论动物是自动机的假设及其历史》发表于1874年9月，收稿日期是当年8月。
④ Hodgson S. Time and Space, a Metaphysical Essay. London: Longman, Green, Longman, Roberts & Green, 1865：279.
⑤ 参见 Ward J. The Conscious Automaton Theory. Lecture XII of Naturalism or Agnosticism. vol. 2. London: Adam and Charles Black，1903：34-64.
⑥ James W. The Principles of Psychology. 2 vols. New York: H. Holt. 1890：129.

二元论可以看成是通过自由原则维护人在自然界中的特殊位置的一种努力，这就使得以自愿行为与自动行为或反射行为的区分来区分人和自动机就成了很自然的选择。

无论如何，如果贯彻物理世界的因果封闭性和机械原则，的确很容易得出人也是自动机的结论。18世纪，法国唯物主义者拉·梅特里是最早将机械解释原则扩展到有意识的心智的人之一。他在《人是机器》中提出："人并不是用什么更贵重的料子捏出来的；自然只用了一种同样的面粉团子，它只是以不同的方式变化了这团面粉团子的酵料而已。"①他认为，人类心智和意识在物理上体现于人类的大脑："思想和有机物质绝不是不可调和的，而且看来和电、运动的能力、不可入性、广袤等等一样，是有机物质的一种特性。"②不过拉·梅特里并不是副现象论者。他从来不否认人类和动物的行为是有意识的心智的因果产物。甚至，他还相信心智和意识在大脑中的物理化身引起行为的能力没有任何神秘之处，而且，拉·梅特里并不假定唯物论和机械论对人类或动物的自由和道德构成威胁，因为他认为人类和动物能够按照他（它）们的欲望和良心来行动。

赫胥黎指出，既然具有某种程度的复杂性的行为是由纯粹的机械造成的，那具有更大复杂性的行为为什么就不是了呢？③赫胥黎将他自己的立场看成是把笛卡儿对动物行为的机械处理扩展到人类行为的结果，认为笛卡儿的错误在于否认动物具有有意识的心智。因此，他声称动物和人其实都是"有意识的自动机"。

不过詹姆斯本人并不赞同这种"自动机理论"，认为有意识的心智在人类行为的产生过程中往往发挥了因果作用。不过，他同时又同意关于情感的经验的副现象论。

按照詹姆斯的情感理论④，与通常所假定的不同，情感不是与之相关的生理唤起和行为的原因，而是情感对象所刺激的生理唤起和行为的有意识的经验。因此，比如，我们对熊的恐惧并不是造成我们心惊胆战的原因，而是我们对看见熊所引起的心惊胆战的意识。

因此，詹姆斯认为我们应该说，"我们感到内疚是因为我们哭泣，我们感到愤怒是因为我们奋起，我们感恐惧是因为我们战栗，并不是相反，说我们的哭

---

① 拉·梅特里. 人是机器. 顾寿观译. 北京：商务印书馆，1996：43.
② 拉·梅特里. 人是机器. 顾寿观译. 北京：商务印书馆，1996：67.
③ Huxley T H. On the hypothesis that animals are automata, and its history. The Fortnightly Review, 1874, 22: 555-580.
④ 常被称为詹姆斯-朗格理论，因为丹麦物理学家卡尔·朗格也独立提出过这一理论。

泣、奋起或战栗是因为我们的内疚、愤怒或恐惧。"① 也就说，詹姆斯认为，我们的神经生理上例示出来的对于生理唤起和行为的意识并不是我们的情感行为的原因，而只是神经生理上例示出来的知觉状态的副产品，这种神经生理状态不仅因致了我们的唤起和行为，也因致了我们对唤起和行为的情感意识。因此，在情感方面，詹姆斯是一个经验的副现象论者，但在有意识的心智方面不是。

早期副现象论通常诉诸一种无缝论证，其论证形式如下：

（1）如果心理事件具有因果效力，那么其结果必定会有某些神经生理事件；

（2）心理事件或状态没有神经生理结果；

（3）所以，心理事件或状态完全没有因果效力。

命题（1）表明物理因果链条是无缝，对于每一被引起的事件 e，都有一个因致它的物理事件的因果链条，该链条中的每一事件都决定了紧随其后的事件的发生或发生的概率。这种物理因果链条被认为是严丝合缝的，这就意味着神经生理事件之间的因果机制也是无缝对接的，心理事件或状态要对它们发挥因果上的影响显得无隙可乘，因此，神经生理学似乎无需假定心理事件或状态的存在，神经生理学在大脑中也找不到精神或心理的影响。由此可以得出，心理事件或状态不仅不会影响神经生理事件，而且也不会有任何因果效力。古典副现象论者为了说明这一理论主张经常使用的蒸汽机的例子严格来说并不恰当，因为蒸汽鸣笛虽然对蒸汽机没有因果上的影响，但有可能对其他物理的东西造成影响，如空气的温度和湿度、噪音带来的其他干扰等。

对这一论证的一个有力回应是，心理事件和状态并不是非物质的笛卡儿式的实体的变化和状态，而是大脑中的变化和状态。虽然心理属性或类并非神经生理属性或类，但某些心理事件的确是神经生理事件。按照这种观点，一个事件可以同时是神经生理类型的和心理类型的，因而可以既是神经生理事件又是心理事件（比较如下事实，一个对象可以是多类对象的例示，如一个对象可以既是石头又是镇纸。）此外，这一观点还认为，心理事件具有因果效力，因为它们同时也是神经生理事件，而后者是有因果效力的。这一回应预设了，因果关系是事件之间的一种外在关系，如果两个事件因果上相关，那么不论怎样对它们进行归类或描述，它们都这样相关。但这一假定现在广受认可。如果因果关系是外在的，并且某些心理事件其实是具有因果效力的神经生理事件，那么心理事件就可以是原因，因此副现象论就是错误的。这一反驳的确对副现象论构

---

① James W. The principles of psychology. Vol.2. New York：H. Holt. 1890：44.

成了严重威胁，但随着对心理因果性等相关问题的深入探讨，副现象论也变得更为精致。

二、副现象论的发展

为了应对这一批评，布劳德为副现象论作了一条重要修正：任何事件/状态都不能由于它是心理事件/状态而导致任何东西。[①] 这样，即使物理事件/状态与心理事件/状态是同一的，也不会说心理事件/状态因此而具有了因果效力从而导致副现象论失效。将布劳德的这一修正与随附性结合起来就得到与金在权相似的观点了：心理因果性的依据同样在于其物理实现者。

布劳德的修正预设了：事件之为原因是由于它们的特征或属性。按照经典因果理论，如果两个事件 x 和 y 因果上关联，另外两个事件 a 和 b 没有，那么 x 和 y 之间与 a 和 b 之间肯定有所不同。但因果理论需要解释这种不同究竟是什么，也就是说，事件之间因之而联系在一起的那种因果关联究竟是什么。比如，按照因果关系的通常假定，存在因果联系的事件之所以会这样关联在一起是由于它们都遵从"因果律"或者具有遵从因果律这一属性。

布劳德的修正显然是基于外在关系论的，需要注意的是，以下两个假定是相容的：

（1）存在因果关联的事件之所以这样关联是由于某个与二者都有关系的东西；

（2）因果关联是特定事件之间的外在关系。

比如，"重量少于"就是特定对象之间的一种外在关系：如果 O 的重量比 O* 少，那么不论 O 和 O* 如何被归类（或被界定或描述）它们都处于这种关系之中。尽管如此，如果 O 重量比 O* 少，那么这是由于某种与二者都有关东西，也就是它们的重量以及一个重量比另一个重量少这一事实。因此，特定事物之间的外部关系成立是由于与这些事物有关的东西，当两个事件因果上相关联，它们是由于与二者都有关的某个东西而处于这种关系中。又如，著名男高音歌唱家帕瓦罗蒂被称为"High C 之王"，对高音有极好的驾驭能力，假定帕瓦罗蒂以极高的音高和音量对着一支玻璃红酒杯唱出"碎"这个词，从而导致玻璃杯应声而碎。破碎的原因是帕瓦罗蒂唱了"碎"而且唱的是极高的 High C，显然，与唱高音 High C 相比，唱"碎"显然在因果上与玻璃的碎裂并无关联，因为即

[①] Broad C D. The Mind and Its Place in Nature. London: Routledge, Kegan Paul, 1925: 473.

便唱别的词也会使玻璃应声而碎。

麦克劳林认为，我们可以像布劳德那样区分两种不同的副现象论。①

殊型副现象论：心理事件不可能因致任何东西。

类型副现象论：任何事件都不能由于它属于心理事件而因致任何东西。

而类型副现象论与属性二元论相结合就得到属性副现象论：任何事件都不能因为具有心理属性而因致任何东西。②古典副现象论主要是殊型副现象论。殊型副现象论蕴涵类型副现象论：因为如果一个事件能够由于它属于心理事件而有所因致，那么它就可能既是一个心理事件又是一个原因，这样的话殊型副现象论就会站不住脚。因此，如果心理事件不可能是原因，那么事件不可能因为它属于心理的或精神的东西而是原因。但是，反过来，否定殊型副现象论不会导致否定类型副现象论，心理事件可以是原因，但这仅仅是由于它同时也是物理事件，它之所以有所因致也是因为它属于物理事件，而不是由于它属于心理事件。因此，即使殊型副现象论是错的，但类型副现象论则未必。

此外，还有一种与副现象论关系极为密切的理论，即意识的非本质论或非必要论。弗莱纳根（O. Flanagan）是这一理论的主要支持者，其基本主张是："对于任意认知领域 A 中执行的智能活动 i，即使我们有意识地做 i，i 原则上可以无意识地完成。"③这就意味着，任何给定行为也可以在没有意识相伴随的情况下产生。弗莱纳根指出，假定行为必须要有意识相伴随的唯一理由是该行为需要以某种心理活动为前提。如果意识的非必要论是正确的，也就是说，如果在理论上人们可以完成任意行为或活动而不需要有意识的伴随，那么怪人似乎完全是可能的。司多特和柯克所描绘的副现象论显然更接近这种主张。弗莱纳根本人或许并不同意将他的意识非必要论说成是副现象论，但他的确也承认，在否认意识的因果效力方面他与副现象论者是一致的。他认为，对于人类某些行为的执行或功能的实现而言，意识或许是不可或缺的，但在这样一些过程中，意识可能并不起任何因果作用。这就好比人体内的阑尾，有阑尾是智人的一个本质属性，如果没有阑尾我们不能给出人体解剖上的正确的和完全的界定，但阑尾在人类生活中并不起任何功能的和因果的作用。

不难看出，弗莱纳根之所以质疑意识的必要性正是基于副现象论的考虑：

---

① McLaughlin B P. Type dualism, type epiphenomenalism, and the causal priority of the physical. Philosophical Perspectives, 1989, 3: 10935.
② 副现象论也可以区分为事件副现象论和属性副现象论，按照前者，物理事件是原因，而心理事件不可能因致任何东西，按照后者，事件之为原因乃是由于其物理属性，但没有任何事件会由于其心理属性而是原因。
③ Flanagan O. The Science of the Mind. Cambridge: the MIT Press, 1991: 309.

既然意识并不起任何因果作用，那自然也就没有什么必要了。然而，与取消论不同的是，他并不同意将意识完全取消，他强调意识的这种非必要性只是在原则上或理论上成立，具体来说是在不发挥因果作用的意义上成立，而事实上我们会发现有些智能活动如果不是有意识地完成的话就不会是智能活动，意识成了这些智能活动的构成部分，只不过它在这些智能活动中并不发挥因果作用。比如说谎，这种活动本质上是一种有意识的故意误导，但误导显然不同于说谎，"误导"能够由高度程序化的机器人来完成，而说谎无法离开人的意识。因此，弗莱纳根的这一理论和后天物理主义一样，只承认怪人的逻辑可能性，而拒绝怪人的形而上学可能性。

坎贝尔在此基础上提出了他的"新副现象论"。古典副现象论否认心理状态能够因致行为，K.坎贝尔认为这过于严苛，使得"心身问题完全无法解决，也使得一个人有没有心灵除了他自己之外完全不可能被了解"①。他在1970年出版的《身与心》中提出了一种较弱版本的副现象论，主有以下主张：①心理状态是因致行为产生的内在原因；②心理状态同一于大脑状态；③大脑状态的物理-化学属性是因致行为的唯一相关的属性；④除了物理-化学属性之外，这些大脑状态还具有不可还原的现象属性；⑤现象属性的发生是感官和大脑中的变化因致的。②后三个主张构成了他的"新副现象论"。与经典副现象论相比，K.坎贝尔的新副现象论引入了意识的现象性质，认为并不是所有的心理状态都没有因果效力，而仅仅是意识中的现象性质不具有因果效力，也就是说，只有意识的现象属性才是副现象。"某些身体状态同时也是心理状态，作为原因的心理属性是这些身体状态的物理属性"，只不过"现象属性的感受和持续并不是物理的东西"③。此外，与弗莱纳根相似的是，K.坎贝尔认为现象特征对于心灵概念并非本质性的，他所提出的"仿真人"失去了现象性质，因而没有副现象的东西，但其内在状态仍然是心灵状态。

布劳德对副现象论的改进使得副现象论由殊型副现象论转向类型副现象论，而K.坎贝尔的新副现象论则使得副现象论由意识或心理状态的副现象论转变为现象性质的副现象论，在此基础上，杰克逊基于知识论证提出当代最有影响力的副现象论版本。

---

① Campbell K., Body and Mind. London: The MacMillan Press LTD, 1970：112-113.
② Campbell K., Body and Mind. London: The MacMillan Press LTD, 1970：110-118.
③ Campbell K., Body and Mind. London: The MacMillan Press LTD, 1970：113.

第四节　知识论证与副现象论

杰克逊的知识论证在第二章已经谈到，他在此基础上引申出了副现象论结论。杰克逊认为，感受性质或者说现象性质是一种副现象，它出现或不出现，对物理世界都没有影响，它只是伴随我们心理过程而发生的一种对这一过程的主观感觉或体验。不过，与古典副现象论不同的是，杰克逊认为，感受性质虽然"对物理的东西没有用，但对其他心理状态会造成影响"[1]。在杰克逊看来，在关于意识的各种理论主张中，副现象论是最有前景的版本，因为副现象论在保留意识的同时，最大程度地迎合了物理世界的因果闭合原则，同时又能很好地兼容物理主义的随附性论题。在《副现象的感受性质》一文中，他批驳了针对副现象论的几种反对意见。

第一种反对意见认为现象性质或感受质对人的行为并没有完全没有作用，比如，疼痛可以使人做出某些应激反应，如喊叫、做出痛苦的表情，以及躲避行为等，从而躲避进一步的伤害。对此，杰克逊借助了休谟对因果必然性的批评，他指出，两个事件总是前后相继发生并不意味着它们之间具有因果关系，因为它们"两者可表现为共同的、根本性的因果过程的不同结果"[2]。也就是说，感受质与相应行为总是相继出现，是因为它们都是大脑中的某些物理状态或过程的结果，而不是因为这二者之间具有因果关联。

第二种反对意见诉诸进化论，按照进化论的自然选择理论，在长期进化过程中保留下来必定是有用的，或者说是有利于生物生存与繁殖的，如果现象性质对物理世界没有任何因果作用，那么它们对于人类生存就没有什么助益，也就没有什么存在的必要了，反过来，既然现象性质存在，那就必定对大脑过程及生物体的行为有至少某种程度的因果作用。对此，杰克逊提出了一个自认"漂亮"的回应，北极熊厚厚的外套（皮毛）有利于其在北极寒冷地带生存，虽然与"厚"相伴随的另一个性质"重"会使它的行动变得缓慢，但前者对于生存的价值远远超过后者。杰克逊说现象性质相当于后一种性质，"它们是那些对生存极有助益的大脑过程的副产品"[3]。

第三种反对意见涉及他心问题，这种反对意见认为，如果现象性质对人的

---

[1] 杰克逊.副现象的感受性质//高新民，储昭华.心灵哲学.北京：商务印书馆，2002：90.
[2] 杰克逊.副现象的感受性质//高新民，储昭华.心灵哲学.北京：商务印书馆，2002：91.
[3] 杰克逊.副现象的感受性质//高新民，储昭华.心灵哲学.北京：商务印书馆，2002：92.

行为没有任何因果左右，我们就不可能通过行为来判断他人是否具有意识的现象性质。换言之，既然我们能够通过行为断定他人有意识以及意识的现象性质而石头没有，这本身实际上就已经承认了现象性质对于行为的因果作用。杰克逊对这一批评的回应与第一个回应相似，他对他心知推理进行了重构，提出了副现象论版本的他心知推理："副现象论者能从别人的行为推论出别人的感受性质，方法是根据别人的行为溯推它在别人大脑中的原因，进而再由此推出。"[1] 因为现象性质和行为都是同一神经生理事件或过程的结果，我能够从行为推断相应的神经事件或过程，但不能直接得出现象性质，甚至断言现象性质也具有因果作用。

虽然杰克逊从知识论证引申除了副现象论的结论，但是，需要注意的是，很多支持知识论证的人并不青睐副现象论。即便接受副现象论也是相当地勉强，是由于他们确信知识论证而造成的不得已。杰克逊本人对副现象论的接受似乎也是这种情况，既然知识论证击倒了物理主义而且对于副现象论没有什么有力的反驳，在没有什么更好选择的情况下成为一名副现象论者就是很自然的了。查尔默斯也曾指出，虽然物理主义是一种很简练的理论，但由于知识论证的威力，副现象论需要我们认真对待。

尽管杰克逊认为现有针对知识论证和副现象论的反驳都不能令人信服，但有一种"不一致性反驳"指出，杰克逊不可能同时坚持副现象论和知识论证，这二者是不一致的或不相容的。[2] 按照不一致性反驳，知识论证即便是成功的，也无法得出副现象论，副现象论是对知识论证的破坏，如果赞同知识论证就不可能同时采纳副现象论，反之亦然。杰克逊承认这是对知识论证的最强挑战[3]。

一、不一致性反驳

在讨论这一反驳之前，有必要按照杰克逊的方式阐述知识论证的基本结构：
（1）玛丽（被放出来之前）知道要了解其他人所需的每一物理的方面。
（2）玛丽（被放出来之前）并不知道要了解其他人所需的所有的方面。
（3）存在某些关于其他人以及她自己的真理是物理的东西所不能涵盖的。[4]

---

[1] 杰克逊. 副现象的感受性质 // 高新民，储昭华. 心灵哲学. 北京：商务印书馆，2002：93.
[2] 参见 Watkins M. The knowledge argument against the knowledge argument. Analysis, 1989, 49: 158-160; Campbell N. An inconsistency in the knowledge argument. Erkenntnis, 1989, 58: 261-266.
[3] Braddon-Mitchell D, Jackson F. Philosophy of mind and cognition. Blackwell: Oxford, 1996: 134.
[4] Jackson F. What Mary didn't know. Journal of Philosophy, 1986, 83: 293.

这一论证的结论显然是倾向于二元论的，杰克逊本人的立场是属性二元论，具体来说是副现象论版本的属性二元论。正如前面提到的麦克劳林对副现象论所做的经典区分，副现象论有殊型副现象论和类型副现象论。殊型副现象论认为物理事件导致心理事件但心理事件不可能因致任何东西。类型副现象论认为，一个事件之所以引起另一个事件是由于它们是物理类型的事件，没有一个事件会因为是心理事件而引起另一事件。显然，类型副现象论比殊型副现象论更为温和，更容易辩护。杰克逊所采纳的正是类型副现象论，它包含三个核心论题：

（4）心理事件在本体论上不同于物理事件。
（5）心理事件是由物理事件特别是大脑过程因致的。
（6）没有任何事件是因其为心理事件而对物理事件具有因果上的影响。

将副现象论与交互论区分开的是论题（6），交互论主张心理事件对物理事件具有因果上的作用，因此心理的和物理的东西在因果上是相互作用的。交互论的这一主张因为违背物理因果闭合性而不受欢迎。副现象论则没有这方面的烦恼和困扰，因而相比之下无意是更好的选择。

沃特金斯等认为，恰恰是论题（6）破坏了知识论证。沃特金斯指出，如果该论题是正确的，某人关于现象性质的信念和记忆将仅仅意味着它们曾经是否是现象性质，也就是说，关于现象性质的信念不可能在质性的经验的基础上得到辩护，因为这种经验并不引起任何信念。[①]因此，如果副现象论是真的，那就和知识论证所说的相悖了，玛丽从黑白房间放出来后从并没有获得关于颜色经验的新知识，而只是得到了未经辩护的信念。

谢恩贝里（F. Stjernberg）也提出了类似的论证[②]，他指出，如果论题（6）是正确的，那么现象性质不具有因果效力，由于知识和直觉是与因果性概念交织在一起的，该论题将使得玛丽无法具有关于其视觉经验的知识。因此，如果副现象论是正确的，那么知识论证就是不成功的。反过来，如果像知识论证说的那样，玛丽并没有获得新知识，那么他的知识就至少被赋予了某种因果力。但这就会得出现象性质不可能是副现象，从而副现象论是错的。玛丽的获取新知，与其说激发了副现象论不如说激发了物理主义，因为它表明现象性质作为事物物理秩序的一部分是具有因果效力的。

坎贝尔（Neil Campbell）认为，在描述玛丽的情况的时候，杰克逊隐含了这

[①] Watkins M. The knowledge argument against the knowledge argument. Analysis, 1989, 49: 158-160.
[②] 参见 Stjernberg F. Not so epiphenomenal qualia or, how much of a mystery is the mind? http://www.lucs.lu.se/spinning/categories/language/Stjernberg/index.html. 1999.

样一条预设，即玛丽新发现的颜色的现象性质并不具有因果效力。如果玛丽被放出黑白房间之后学到了新的东西，那么现象性质的出现或消失当然就对物理世界产生了因果作用，因为她此时的行为表现与之前没有颜色经验的时候相比有了区别。"玛丽学到了一些新东西，有所认识，并且想当然地认为她发出某种感叹（而不是说'啊，嗯'），所有这些描述都强化并使用了现象性质具有因果效力的直觉"。[①] 因此，如果知识论证是成功了，副现象论就是错误的。

杰克逊认为不一致性反驳的确出了个难题，一方面，知识论证似乎为我们放弃物理主义提供了一个很好的理由，但另一方面，他不可能同时坚持副现象论，即便在他看来这是最合理的替代理论，因为它看上去破坏了知识论证。不过，值得注意的是，这三种批评看上去都忽略了对不一致性反驳的一种可能的反驳，因为对于论题（6）存在两种不同的解读。无论是在物理领域还是在心理领域，不一致性反驳将论题（6）解释为，没有任何事件会因其为心理事件而具有任何因果效力。但是，对于论题（6），还有另一种解释，这种解释与关于副现象论的传统理解相一致，即没有任何事件会因其为心理事件而在物理领域中具有因果作用。由于坚持副现象论的一个主要动机就是保留物理世界的因果闭合性，副现象论者不得不同意说物理领域中的心理事件不具有因果效力。但是，他们没有必要承认心理事件在心理领域也没有因果效力。

杰克逊所采取的正是第二种解释："我要说的是，你不得不坚持认为：感受性质的例示即使对任何物理的东西没有用，但对其他心理状态会造成影响。而且只要一般地想一想你最终怎么可能知道感受性质的例示，就能使人想到这样的结论。"[②]

如果副现象论承认关于论题（6）的第二种解释，即物理领域中的事件因其是心理的，而在因果方面表现为惰性的，但在心理领域则未必如此，那么他们可以通过如下方式来拒斥不一致性反驳，即宣称玛丽的颜色经验是心理领域的某个事件，它因致了玛丽获取关于经验的知识，这也是心理领域的一个事件。

然而，即便采纳第一种解释，即没有任何事件会因其为心理事件而具有因果效力，无论是在物理领域还是在心理领域，也能够很好地回应这一反驳。为了说明这一点，首先需要精确表述不一致性反驳。尽管沃特金斯、谢恩贝利和N. 坎贝尔的论证形式存在一些区别，但其基本结构和要点是相同的，即主张知识论证和副现象论之间并不融贯一致，只要给定论题（6），就会与知识论证相

---

① Campbell N. An inconsistency in the knowledge argument. Erkenntnis, 2003. 58: 261-266.
② 杰克逊. 副现象的感受性质 // 高新民，储昭华. 心灵哲学. 北京：商务印书馆，2002：90.

矛盾。可以将不一致性论证构造为如下形式：

（7）如果副现象论是正确的，那么现象性质就会因其属于心理的东西而不具有因果效力。

（8）如果现象性质因其属于心理的东西而不具有因果效力，那么玛丽就不可能在离开黑白房间后得到关于现象性质的新知识。

（9）如果副现象论是正确的，那么玛丽就不可能在离开黑白房间后得到关于现象性质的新知识。

（10）如果知识论证是有效的，那么玛丽在离开黑白房间后就会得到关于现象性质的新知识。

（11）因此，如果副现象论是正确的，那么知识论证就是无效的，反之亦然。

在这一论证中，（7）是根据副现象论的定义而为真。（9）是从（7）和（8）中直接演绎出来的。（10）源于杰克逊对知识论证的描述。按照知识论证，物理主义的错误是从玛丽离开黑白房间后得到关于现象性质的新知识这一主张而得出的。结论（11）从（9）和（10）得出，既然前提（7）和（10）都明显为真，而论证也是有效的，那么回应不一致性反驳的唯一方式似乎就只剩下证明（8）是错的。需要注意的是，（8）在这里显然涉及的是一种关于现象知识的因果理论，它实际上预设了如下因果性论题，即玛丽关于现象性质的知识是由与之相关的那种现象性质因致的，这就意味着，如果要拒斥（8）就要从现象知识的因果理论入手。杰克逊也看到了一这点，他明确指出，不一致性反驳离不开知识的因果理论。[1] 谢恩贝里也承认，不一致性反驳是基于因果性和知识之间的一种较强的关联。[2]

二、传统的知识因果理论及其困难

知识的因果理论强调知识内容与对象之间存在因果关系。比如，如果一个行动者或认知主体 S 知道他面前有一本书，那么书的出现和 S 的信念之间就具有明确的因果关系。这一基本主张可以通过条件句来表达：如果 S 获得关于事实 p 的知识，那么 p 就是 S 关于 p 的信念的一个原因。

然而，不一致性反驳不可能基于经典的因果理论，这种理论已经被证明是站不住脚的。比如，古德曼提出的著名的未来知识的反驳中谈到这样一个例子：

---

[1] Braddon-Mitchell D, Jackson F. Philosophy of mind and cognition. Blackwell: Oxford, 1996: 134.
[2] Stjernberg F. Not so epiphenomenal Qualia or, how much of a mystery is the mind? http://www.lucs.lu.se/spinning/categories/language/Stjernberg/index.html. 1999.

T 想在周一去城里。周日的时候，T 告诉 S 他的想法。听到 T 说要去城里，S 推断出 T 的确是打算去城里。并且 S 由此断定 T 将会在周一去城里。现在假定 T 在周一去了城里，从而实现了他的想法。能不能说 S 知道他是会去城里的？如果说我们能够拥有关于未来的知识，那这就是一个很好的选择。所以我们可以说，S 的确知道那个命题。[①]

这个例子构成了经典知识因果理论的一个反例。正如古德曼指出的，在这个例子中，"T 周一去城里"和"S 相信 T 周一去城里"有一个共同的原因，即 T 在周日形成的并且告诉了 S 要在周一去城里的这个想法或意愿，它因致了 T 周一去城里的行动和 S 相信 T 周一去城里的信念。正是"S 的信念和所相信的事实之间的这一因果关联允许我们说，S 已经知道了 T 会去城里"[②]。

在古德曼的这个例子中，T 周一去城里这一事实显然不可能是 S 的信念——汤姆周一要去城里——的原因，因为 S 形成这一信念的时候，T 还没有去城里，这只是一个尚未付诸行动的想法。如果按照经典的知识因果理论，我们只能说，S 并不知道 T 会去城里。

在上述分析的基础上，古德曼对经典的知识因果理论进行了改进，这一"修正的知识因果理论"的主张：如果 S 获知 p，那么 p 和 S 关于 p 的信念之间具有某种因果联系。古德曼指出，这一主张要求 p 和 S 的信念之间存在因果联系，但不必要求 p 是 S 的信念的一个原因。这种因果联系可以通过如下方式产生知识，即当 p 和关于 p 的信念具有共同的原因。[③]

古德曼进而用一个图示展示这种上面例子中所体现的这种因果联系：令 p 为 T 周一去城里，q 为 T 周一要去城里的想法或意愿，r 为 T 在周日的时候告诉 S 他周一要去城里，u 和 v 为与 T 的诚实度有关的背景命题。于是这种因果联系就可以表示为图 5-1。

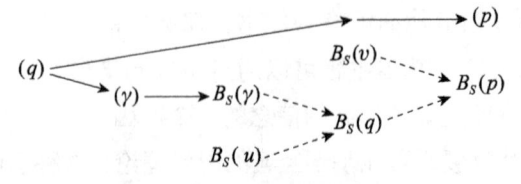

图 5-1　古德曼的因果知识理论

[①] Goldman A. A causal theory of knowing. Journal of Philosophy，1967，64：364-365.
[②] Goldman A. A causal theory of knowing. Journal of Philosophy，1967，64：365.
[③] Goldman A. A causal theory of knowing. Journal of Philosophy，1967，64：364.

当然，如果忽略中间环节，这个图示可以简化为图 5-2。

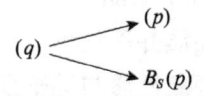

$$(q) \longrightarrow (p) \\ \searrow B_S(p)$$

图 5-2　古德曼的因果知识理论的简化模式

图 5-2 直观地表明，从 p 到 Bs(p) 并没有表因果关系的箭头，因为 T 周一去城里并不因致 S 相信 T 周一去城里，经典的知识因果理论会错误地得出 S 并不知道 T 周一去了城里。而修正理论提出，p 和 Bs(p) 通过 q 形成的间接因果关系足以在 T 周一去城里以及 S 相信 T 周一去城里之间提供因果关联。因此，p 和 Bs(p) 之间并不需要直接箭头。

显然，经典的知识因果理论无法抵御未来知识反驳，不一致性论证并不能以之为基础，而修正的理论虽然成功避免了未来知识反驳，但也面临大量反驳。然而，问题就在于，即便修正的知识因果理论是可接受的，不一致性论证也不可能诉诸它。

在知识论证中，当玛丽离开黑白环境，第一次看到一个红色的对象，并且知道了看见红色是怎样的，按照杰克逊的描述，玛丽在黑白环境中的时候处于某物理状态特别是大脑状态之下，在她离开黑白环境并且看到一个红色的东西之后，她的大脑状态加上了其他相关物理状态，因致了玛丽的现象性质以及她关于该现象性质的信念，这些都是非物理的副产品。

不一致性论证的支持者主张副现象论破坏了知识论证，因为如果玛丽关于颜色的现象性质在因果方面是惰性的，那么玛丽关于现象性质的信念就不是由相应的现象性质引起的。因此，如果副现象论是正确的，就与知识论证相悖，并不是说玛丽因为具有了新的颜色经验而得到了相关现象性质的知识。

参照古德曼的分析模式，知识论证的副现象论解释也可以按照修正的知识因果理论来分析。令 φ 为玛丽离开黑白环境后的大脑状态，ψ 为玛丽看到其他颜色时的现象性质，$B_m(\psi)$ 为玛丽获得相关现象性质的信念。忽略中间环节，将得到图 5-3。

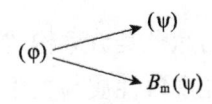

$$(\varphi) \longrightarrow (\psi) \\ \searrow B_m(\psi)$$

图 5-3　知识论证中的因果模式

图 5-3 与图 5-2 具有相同的结构。在古德曼的例子中，按照修正的知识因果

理论，p 和 $B_s(p)$ 通过 q 建立了因果联系，因而 S 知道 p，因此这一理论会拒绝接受如下主张：由于 p 和 $B_s(p)$ 之间没有因果关系，因而 S 不知道 p。同样地，对于知识论证，尽管现象性质并不是玛丽关于该现象性质的信念的直接原因，但通过同一大脑状态，其现象性质与关于现象性质的信念之间当然就构成了一种因果联系，因此修正的因果理论会拒绝说，(ψ) 和 $B_m(\psi)$ 之间没有直接的因果关系，因而玛丽不知道 ψ，即玛丽并没有获得关于现象性质的新知识。这就与不一致性论证所假定的相反，因此，不一致性论证的支持者也不可能诉诸修正的因果理论。

虽然古德曼的例子和玛丽的情形存在一些区别。比如，在古德曼的例子中，S 的未来知识并不完全建立在 T 的行动欲望的基础上，图 5-2 是经过简化的，S 的信念还需要其他因素——如 S 对 T 的品格的了解——才能恰当地建立起来，而且这种推理是 S 经常使用的，而在玛丽的情形中，玛丽从来没有过颜色的经验，她并不知道大脑状态通常会因致关于颜色的现象性质。这的确是一个重要区别，但这种区别对于修正的知识因果理论而言并不相关。修正的因果理论只需要 p 以及行动者关于 p 的知识之间存在某种因果关联，而玛丽的例子和古德曼的例子都在同等程度上满足这一要求。

总之，基于知识因果理论的不一致性反驳必须同时满足如下两个条件：（1）它必须能够得出 S 具有关于 p 的知识，即 S 知道 T 周一要去城里；（2）为了支持副现象论，它必须要能够得出玛丽并不具有关于她自己的现象性质的知识。我们已经看到，经典的知识因果理论对因果性的要求过强，无法满足（1）。而修正的因果理论对因果性的要求太弱，以至于并不能得出所需要的副现象论，无法满足（2）。经典知识因果理论的失败告诉我们，我们不可能按照直接因果关系阐明知识在因果性方面的要求，但诉诸间接因果关系又使得因果性方面的要求变得琐碎，因为这种因果关系使得一切都具有了因果相关性。因此，不一致性论证无法诉诸知识的因果理论。

三、现象知识的因果理论

避免这些困难的一个可能的途径是放弃构建一种普遍知识的因果理论，转而构建现象知识的因果理论，在现象性质与关于现象性质的知识之间建立起直接的因果关系：如果 S 得到关于现象性质 q 的现象知识，那么 q 就是 S 关于 q 的现象信念的原因。

基于这种现象知识的因果理论，不一致性反驳可以得到重新表述：如果副现象论是正确的，那么现象性质在因果上就是不起作用的。如果现象性质在不起因果作用，那么根据现象知识的因果理论，将玛丽不可能通过她离开黑白房间后产生的颜色经验获得新的现象知识。但是根据知识论证，玛丽的确通过她的颜色经验获得了新的现象知识。因此，按照现象知识的因果理论，如果副现象论是正确的，那么知识论证就是无效的，反之亦然。

但是问题在于这种现象知识的因果理论很难得到辩护，毕竟，很难解释何以一种因果理论仅仅对于现象知识而言是真的，但却不适用于其他知识，而知识的因果理论本身也存在诸多困难，即便是曾经鉴定捍卫它的古德曼后来也抛弃了这一理论。不过一种颇为可行的策略是，直接取消现象知识与相关现象性质之间的因果关系，这样的话不一致性反驳自然也就站不住脚了。这就意味着，现象性质与现象知识之间根本就不需要任何因果关系。

通常来看，知识和知识对象之间的差异可以说是本体论上的，对于通常的知识而言，获得关于事实 p 的知识而不需要与 p 有任何形式的因果关系似乎不太可能。比如，假设我正在看书，而我当然相信我的面前摆着一本书，直觉上我很难否认面前这本书与我相信面前有这本书之间存在某种因果关联，书的存在毕竟是一个独立于我的认知状态的事实。尽管知识的因果理论存在大量争议，我们很难断言知识与知识对象之间是否需要一种普遍必然的因果联系，甚至连知识概念本身也因为葛梯尔问题而引发巨大争议，但无论如何，在现象性质与关于现象性质的知识之间，这种因果关系完全没有必要。也就是说，现象性质与现象知识的对象（即现象性质或者说感受质）之间没有因果鸿沟。这是因为现象性质和现象知识之间保持着一种非同寻常的非常紧密的本体论关系。关于这一点克里普克在《命名与必然性》中已经明确讨论过，第二章在讨论其模态论证时也有提到："要处在与有疼痛时相同的认知状态下，那就必须有疼痛；要处在与没有疼痛时相同的认知状态下，那就不能有疼痛。"[1]也就是说，疼痛就是对疼痛的感知，就是拥有关于疼痛的现象知识。因此，认知主体 S 具有现象性质 q 与 S 具有关于 q 的现象知识是同一的。

如果这种观点是对的，那就完全不用担心现象知识与其对象之间的因果性问题，因为二者之间没有因果上的鸿沟需要填补。这样的话我们就可以直接拒斥现象知识的因果理论：既然具有现象知识和具有关于现象性质的知识是一回

---

[1] Kripke. S. Name and Necessity. Cambridge：Harvard University Press，1980：151-152.

事，自然也就不需要什么因果关系来保证认知主体具有现象知识。

但对于这样一种观点，也存在一些反驳，反对者会举出如下反例，比如，婴儿或动物处于疼痛中却不自知，因为他们还不具有形成任何知识的能力；或者即便具备了形成知识的能力，认知主体还是有可能因为其他因素的干扰而出现处于疼痛之中却不自知的情况，如过分激动、注意力被分散等。

然而，这些反例严格来说都不构成威胁，因为这些反例都是基于对现象性质的错误解读。现象性质本质上就是对于现象性质的特殊感受的质性特性，离开这种感受性，现象性质根本就不存在，在这个意义上现象性质完全可以用贝克莱的"存在即被感知"来说明。当反对者生成有可能出现处于某种现象性质而不自知时，实际上是区分了现象性质和对现象性质的觉知，后者是更高级的意识能力。

第五节　副现象论的可能

在各种意识理论中，副现象论显然是较为特殊的一种，其基本主张简单明了，但它带来的后果却强烈地冲击着人们关于心灵、意识、推理、行为以及因果性等方方面面的传统认知。如果副现象论是正确的，疼痛就不会让我们闪躲，头疼也不会让我们烦心。而且，如果记忆的因果理论是正确的，我们的心理状态/事件将不可能产生记忆。此外，我们也很可能无法实施故意行为，因为按照行为的因果理论，故意行为要求对某物的意欲以及关于如何实现所欲的信念在行为产生的过程中起到因果作用。我们甚至无法断言副现象论是正确的，因为断言本身就是一种故意行为。总之，按照副现象论，自由意志似乎成了一个伪问题，我们彻底沦为了消极的旁观者，所有的事情跟我们都完全没有关系。甚至在注意的方向上我们都无法发挥任何因果掌控力！最后，如果推理是一个因果过程，那么我们将无法从事推理；因为连心理因果过程都可能只是一个假象——我们可以说一个人产生了一个又一个思想，但不能说一个思想导致了另一个思想。

笛卡儿的心身交感学说非常贴切地反映了我们的日常直觉，虽然笛卡儿的理论早已被放弃，但它却在某种程度上强化了我们关于心理因果性的日常直觉。虽然上文关于现象性质的因果理论的分析可以看做对这些问题的一个回应，但副现象论还是因为它对日常直觉的违背而受到贬低和忽视，在这种直觉下，副现象论所造成的结果的确显得匪夷所思，令人难以接受。上文谈到物理主义在攻击怪人的一个粗略是将副现象论作为怪人可能性一个逻辑结果，这实际上就隐含了另一个假定，即副现象论是完全无法接受的、错误的意识理论。除了丹尼特，很多哲学家都对这一理论进行了无情的嘲讽，有的说副现象论是粗鄙的、不融贯的，有的说它是不可理喻的，有的说它是愚蠢的，在所有方面都是错误的，应该毫不犹豫地清理掉[①]，似乎副现象论完全没有可取之处。但无论从形而上学角度还是从神经科学的研究来看，重新审视现象性质的因果作用是十分必要的，副现象论有其合理性和生命力。

一、因果解释与戴维森的启示

对心理因果性的怀疑不是从副现象才开始的。在休谟之前，平行论者取消了心身之间的交互作用，而偶因论者甚至把心物两个序列的因果链条一并取消，将所有根据都归于上帝，这其实就为休谟进一步质疑因果联系的必然性铺平了道路。按照休谟的方式我们可以合理地质疑心理因果性的常识理解：即使心理事件/状态与物理事件/状态始终前后相继出现，也并不表明前者是后者的原因。更重要的是，承认心理因果性同样会导致一系列难以解决的麻烦，即使像金在权建议的那样，将心理因果性削弱为随附性意义的因果关系，也很难同时坚持物理主义和心理因果性。金在权一方面承认因果关系之所以能用于心理的东西当且仅当这些心理的东西有其物理实现者，另一方面也曾感叹，如果现象性质不是功能状态那就很难理解这些现象性质如何能够对物理的东西具有因果效力。[②] 可以说，心理因果性是副现象论面临的最大的困难之一。而戴维森的异态一元论提出了因果解释方面的独特视角或许可以为我们提供一些启示。

戴维森的异态一元论试图调和以下三个看上去都为真但又存在冲突的论题：
（1）至少某些心理事件以因果方式与物理事件互相作用（互为因果原理）。
（2）构成因果关系中的事件必定遵循一条严格的规律（因果关系的法则学原理）。
（3）不存在严格的心理-物理规律（心理事物的变异性原理）。[③]

[①] 参见：Pauen M. Staudacher A, Walter S. Epiphenomenalism: Dead end or way out? Journal of Consciousness Studies, 2006, (13): 7-19.

[②] Jaegwon K. Causation and mental causation //Jaegwon K. Essays in the metaphysics of mind. New York: Oxford University Press, 2010: 262.

[③] 参见 Davidson D. Mental events//Davidson D. Essays on actions and events. New York: Oxford University Press, 1980: 207-227.

问题在于，如果心理事件因致物理事件（或相反），并且这些事件都遵循严格的规律，那就意味着论题（3）是假的。比如，如果我想要喝水的念头因致了我伸手去拿杯子的行动，那么按照论题（2），似乎可以说，在我的意欲和我的行动之间应该有某个规律将这二者连接起来。戴维森的调解办法是，首先表明相关严格定律不需要使用上述单称因果陈述所使用的那种术语；其次，按照心智的整体主义，我们的心理学词汇并不适用于严格规律的表达。

对戴维森异态一元论的一个常见的批评是，它会导致类型副现象论[①]。异态一元论在确保了心理事件具有影响力的同时又不允许心理属性的因果效力。既然能够例示严格定律的事件只能是通过物理描述给出的事件，那么心理事件能够有所因致仅仅是因为它作为物理事件或者说仅仅是出于它们的物理属性。而类型副现象论主张一个事件只能作为物理事件而因致其他事件，并且没有任何事件能够因其属于心理事件而因致任何事件。异态一元论似乎就意味着，一个事件的心理属性是副现象的。

戴维森认为这种批评对因果性的使用是不恰当的，因为它将因果联系和因果律混为一谈："我认为混淆的主要根源是如下事实，当说到事件的时候人们发现很难记住要区分类型和殊型。这反倒使人们很容易将单个因果联系与因果律混为一谈，并且导致人们无视解释一个事件和单纯阐明一个有效的因果关系之间的区别。"[②]

戴维森区分了两组对立的概念：一方面是殊型，与个别因果关联和个别因果命题相关；另一方面是类型，与因果律及其解释先关。他认为"是事件具有原因和结果。按照因果关系的外在论，说一个事件作为心理事件或由于其心理属性或以某种方式被描述为心理的东西而有所因致，这中间并无实质区别"[③]，并且"对于物理事件的因果作用而言，它们能不能用物理术语来描述也是无所谓的"[④]。显然，在戴维森看来，既然因果性是一种外在关系，那么我们如何描述事件就是无关紧要的。因此，戴维森的哲学中并不包含这样的观点，即一个事件会因为它是某种特定类型的事件才成为原因。然而，因果解释则不然，它是一种内在关系，事件被描述的方式对于解释是否成功至关重要。

戴维森的批评者主张的是因果关系。说一个心理事件 φ 因致其结果 ψ 是由

[①] McLaughlin B. On Davidson's response to the charge of epiphenomenalism//Heil J, Mele A. Mental Causation. Oxford: Clarendon Press, 1993: 27-40.
[②] Davidson D. Thinking Causes//Heil J, Mele A. Mental Causation. Oxford: Clarendon Press, 1993: 15.
[③] Davidson D. Thinking Causes//Heil J, Mele. A. Mental Causation. Oxford: Clarendon Press, 1993: 13.
[④] Davidson D. Thinking Causes//Heil J, Mele. A. Mental Causation. Oxford: Clarendon Press, 1993: 12.

于 φ 之具有某物理属性，就相当于说，作为特定类型事件的 φ（如 c 之为 q）因致了（并非作为 q 的）ψ。戴维森要表明的是，我们之所以能够用 φ 来解释 ψ，是因为将事件归入恰当的类型，但混淆这种解释关系与背后的因果关系就大错特错了。戴维森强调"因果关系和同一关系是个别事件之间的关系（无论人们如何来描述它们）。但是规律则是语言上的；因此，仅仅是由于事件被按照某种方式来描述，那些事件才能例示规律，从而才能依据规律来对那些事件作出说明或预言"[1]。

戴维森以飓风引发灾难为例说明这一点："假设一场飓风，它是在星期二的《泰晤士报》第5版上报道的，结果引起了星期三的《论坛报》第13版上所报道的一场灾难。这样一来，星期二《泰晤士报》第5版所报道的事件引发了星期三《论坛报》第13版上所报道的事件。"[2] 这个例子试图展示下面两个陈述之间的区别：

（4）飓风因致灾难。

（5）星期二《泰晤士报》第5版上报道的事件因致了《论坛报》第13版上报道的事件。

假定这些陈述都是真的，并且第二个陈述所说的两个事件分别对应第一个陈述所说的两个事件。显然，只有第一个陈述是真正解释性的，也就是说第一个陈述做出了解释，但第二个没有，因此，提供一种因果说明和仅仅陈述一种因果关系，这两者是存在差别的。在戴维森看来，物理语词和心理语词之间的关系，就如同"飓风"和"在星期二的《泰晤士报》第5版报道的事件"之间的关系，是对同一对象的不同描述，大脑神经生理事件与产生的相应行为事件之间符合因果关系的法则学原理，因而这二者之间存在因果关系，但是要在"星期二《泰晤士报》第5版上报道的事件因致了《论坛报》第13版上报道的事件"之间寻找因果关系就显得荒谬了，心理事件与大脑神经生理事件之间的同一性关系或随附性关系是殊型的，虽然不足以支撑因果联系的规律性，但却能够对个别事件发挥因果作用。

就另一个著名的枪击例子来看，有声的枪击和装上消音器的枪击都能够成功地完成射击，意识就如同枪声，对于完成射击毫无影响，但没有了枪声的射击不再是原来那个事件了。意识对于行为的作用就相当于枪声对于射击的作用，这使得戴维森的理论具有副现象论的倾向，尽管戴维森本人坚决否认这一点。

---

[1] 戴维森. 行动与心理事件 // 牟博. 真理、意义与方法：戴维森哲学文选. 北京：商务印书馆，2008：445.
[2] 戴维森. 行动、理由与原因 // 高新民，储昭华. 心灵哲学. 北京：商务印书馆，2002：977.

不过，按照 N. 坎贝尔的观点，或许戴维森的异态一元论并不蕴涵形而上学的副现象论，但至少会导致一种解释的副现象论。[①] 前者主张心理事件或属性不具有因果作用，后者进一步主张心理事件或属性并不提供相关行为的因果解释。

这种解释的副现象论的确契合戴维森的基本思想，不论戴维森的异态一元论是否蕴涵某种形式的副现象论，戴维森和 N. 坎贝尔的观点至少表明，现象性质并不能够承担因果解释的功能，不过戴维森在一定程度上仍然保留了其因果作用，但这种因果作用与物理事件的因果作用相比显然过于弱了，我们看不到有什么必要在在取消其因果解释功能的同时而又保留其因果作用。而且，认知科学的发现似乎也越来越表明副现象论的可能。

二、认知神经科学的启示

取消心理因果性并非仅仅出于形而上学的考虑，在很大程度也是受到神经科学和脑科学研究成果的启迪。副现象论在神经科学家中受到欢迎，因为这可以使他们避免意识问题的纠缠，从而专注于神经活动。而神经科学家的发现也表明，副现象论在"悬置"意识的同时又能与神经科学的研究成果保持一致。

1990 年，克里克（F. Crick）和科赫（C. Koch）提出，意识现象不过是大脑内部神经元之间同步或半同步的 40 赫兹放电。[②] 比如，当我们看到一片红色，不论大脑接下来会如何处理相关信息，它都会立刻进入一种有趣的放电状态，这种状态将持续数秒，从而促使看见红色方块的经验形成。这一假说与副现象论的主张不谋而合，因为放电本身对于大脑并不起任何实际作用，它会像涟漪或者声波那样传播然后渐渐隐没，大脑几乎可以完全忽略这种放电状态的存在。这就又使我们想起了副现象论经典的鸣笛水壶的比喻：意识之于大脑就好比鸣笛壶之于其内沸腾的水，当水沸腾时，壶发出鸣叫，这种鸣叫是由沸腾引起的一组声波，但它对于沸腾完全没有（干涉）作用，仅仅是水沸腾的一个标识。当沸腾停止，鸣叫声迅速但并非同步消失。虽然蒸汽鸣笛也具有物理影响和效果，比如增加周围空气的湿度，以及扩散的声波，但这些影响微不足道，而且对于水的沸腾本身完全没有影响。当然，和鸣笛一样，意识使它自身被注意到。但能够被注意到与有效地影响真正的行为显然是完全两码事。

[①] Campbell N. Explanatory Epiphenomenalism. The Philosophical Quarterly, 2005, (220): 437-451.
[②] Crick F, Koch C. Toward a neurobiological theory of consciousness. Seminars in the Neurosciences, 1990, (2): 263-275.

著名的李贝特（B. Libet）实验可以看成是对副现象论的一个支持和佐证。这个实验是这样的：首先，将受试者连接到脑电图仪和电子肌动描记器，前者用来记录皮层思维区域作用于手部运动的"准备电位"，后者用来记录手部肌肉活动的开始。其次，要求受试者只要一想到动手就立刻自发地动手，还要求"他们内省地密切关注实施每一这类行为的强烈要求、愿望或决定，并关注相互关联的钟面圆形排列的点（标志钟点）的位置。受试者还被告知允许这类行为自发产生，无需审慎计划或预先注意行为的结果"①。

实验的结果是，首先，在受试者经验没有预谋的情况下，弯曲（手臂）的意图这一意识的发生是在准备电位出现350毫秒之后和肌肉活动200毫秒之前；第二，如果受试者报告感觉到有预谋，感觉到在他们弯曲手臂之前数秒就准备自动弯曲手臂，他们仍然能够将这一预谋阶段与紧接下来的弯曲手臂的意图区分开来。这个实验表明：在被试没有预谋的情况下，弯曲（手臂）的意图这一意识的发生是在神经活动的准备电位出现350毫秒之后和手臂肌肉活动200毫秒之前。换言之，准备电位先于有意识的意图或愿望，而后者又先于肌肉运动。对此，李贝特写道：

"就随意施展的行动而言，准备电位的出现规律性地开始于觉知任何行动意图的时间之前的数百毫秒，因此，似乎与行为的最终实施有关的神经活动先于任何（可回忆的）有意识的实施或干预。这就导致这样一种结论，深思熟虑的大脑理性决断往往可能并且确实是无意识地做出的。"②

李贝特接着追问道：

"如果大脑能够在有意识的意图出现之前实施一个自愿的行为，也就是说，如果行为的具体实施是通过无意识过程开始的，意识的作用又从何谈起？"③

1999年，李贝特在一篇名为"我们有自由意志吗？"的论文中回顾了他的实验，他认为尽管自愿行为是被无意识启动的，但是意识功能仍然可以控制结果，也可以选择不行动。因此，自由意志并没有被排除。李贝特认为只要存在否决权，有意识的触发就是多余的。也就是说，心智允许行为继续完成，除非

---

① Libet B. Unconscious Cerebral Initiative and the Role of Conscious Will in Voluntary Action. Behavioral and Behavioral and Brain Sciences, 1985, (8): 530.
② Libet B. Unconscious cerebral initiative and the role of conscious will in voluntary action. Behavioral and Behavioral and Brain Sciences, 1985, (8): 566.
③ Libet B. Unconscious cerebral initiative and the role of conscious will in voluntary action. Behavioral and Behavioral and Brain Sciences, 1985, (8): 566-567.

有理由终止。只要它能够在发生之前终止传送运动，他就不需要主动触发它。首先，受试者能够在弯曲手臂的意欲或意图与反应之间的这 200 毫秒内有意识地否决弯曲（手臂），这一强力证据表明意识在这一特定传输路线中能够起到功能作用。因此很难通过这一实验表明意识是副现象的。然而，终止信号传送的意图难道不也是通过信号传送的形式完成的吗，也就是说，只不过是一个信号阻断了另一个信号，而不是某个意图阻断或取消了信号，因此，李贝特的补救是无效的。其次，没有必要对脑过程先于意识经验这一事实大惊小怪，除非事实像我猜测的那样确实如此，一种潜藏的笛卡儿式直觉是这样的，在自愿行为中我们有意识的意图是原初发动者，但其本身又是不动的，除非被另一个在先的意图发动或推动。

尽管李贝特实验主要引发的是关于自由意志问题的争议，但是也有理由相信，它在某种程度上为我们接受副现象论提供了神经科学的依据。这一实验至少表明神经活动的确先于现象性质之类的心理事物产生，意识的下向因果作用或许是成问题的。副现象论是否是真的，这个问题的解决最终或许还是要靠经验科学，但无论如何，武断地将副现象论与怪人的可能性都当成毫无价值的东西加以贬斥并不是解决意识问题的明智态度。

从自然主义的角度看，这种我们所熟知的直觉会导致一系列我们唯恐避之不及的深层次的混乱。按照自然主义，只有某些神经活动才是有意识的。所有的意识过程都发生在复杂因果网络中，在这种因果网络中，它们随附于特定的神经过程，被其他心理过程引起同时也引起其他心理过程（这些心理过程也随附于神经过程），其中有些是有意识的但大部分都不是。如果所有在因果上先于有意识的心理过程本身也是有意识，那就完全出乎意料了。换句话说，有意识的心理过程是从导致它们的神经过程中涌现出来的，不能指望这些涌现出来的有意识的神经过程先于它们因之而产生的神经过程。

结 束 语

笛卡儿开创了意识问题的研究,他提出的心身二元论已经为人们所熟知。尽管这种实体二元论几乎已经绝迹,人们宁愿相信意识只不过是大脑所具有一种高级的属性或功能,但二元论的幽灵仍然在发挥着它强大的影响力。毕竟,从直觉上来看,物质与精神、生理与心理之间的差别是如此巨大而明显,以至于人们始终难以完全忽略,因而不同形式的二元论观点似乎总能前赴后继,顽强地发出声音。

有人认为二元论是对意识科学的一种阻碍,这是一种偏见,实际上,二元论的鼻祖笛卡儿十分重视意识的科学研究。笛卡儿主张的是交互二元论者,可以说是第一个探索意识的神经关联物的人。他认识到大脑在感知输入和传递输出中起着关键作用,大脑控制着无意识过程,物理刺激在身体的神经系统中产生运动,这种运动传递到松果腺,并以某种方式转化为特定类型的经验或观念。尽管松果腺已经被现代科学证明是不存在的,但笛卡儿在解释神经运动机制的时候提出了一些与当代神经科学颇为契合的观点。比如,他做出类似上行(bottom-up)与下行(top-down)的区分。在当代认知神经科学中,上行和下行过程的相互作用仍然是决定认知过程结果的一个基本模式。而当代具有二元论倾向的哲学家,如查尔默斯、杰克逊等,不仅不反对意识的科学研究,在本体论层面上也大都承认物理主义的世界图景。而且在某种意义上,他们都反对意识的神秘性,主张以自然主义的方式处理意识问题。

现象性质被认为是意识问题中最令人困惑的部分,可以说是传统心身难题在当代的集中体现。科学所使用的客观的第三人称的方法在现象性质的主观私密性面前显得力不从心。但无论是科学家还是哲学家都希望把第一人称视角得到的主观的东西也纳入到科学研究的视野中来。科学家的努力主要包括神经科学和量子力学的研究。前者诉诸意识的神经关联物（neural correslates of consciousness，NCC），后者试图建立关于意识的量子力学模型。哲学家的尝试则表现为物理主义和反物理主义之间旷日持久的争论。

物理主义者坚持一切都是物理的，意识的现象性质即使不能还原为其物理基础，至少也是随附于其物理基础之上，但关于现象性质的直觉强烈地暗示我们这种主张所揭示的关系具有明显的偶然性，从而催生了大量反对物理主义的论证。对物理主义伤害最大的当属知识论证和二维语义学的可设想性论证。前者攻击物理主义的完备性论题，即物理知识是关于世界的完备知识，现象知识可以从中抽绎出来；后者攻击本体论的随附性论题，即如果两个可能世界在物理方面完全同一，那么它们在一切方面都同一。知识论证本质上也是断言认知鸿沟的存在，即物理知识并非完备的。这些论证在形式上具有相似的结构，实际上都可以转化成可设想性论证的形式。而且完备性论题是随附性论题的一个推论，因此可设想性论证对物理主义攻击更为直接，这是我们要重点讨论的部分。查尔默斯基于二维语义学构造了可设想性论证的新形式，实际上是将解释鸿沟论证与模态论证结合起来，试图从认识论上的鸿沟推出本体上的鸿沟，或者说从"怪人"的认知可能性推出其形而上学可能性。

虽然二维语义论证依赖一些尚不明确的语义问题和模态形而上学问题，如模态概念的认知定义所带来的嵌套问题、认知可能性与形而上学可能性的关系问题等，但这一论证以其严密复杂的形式对物理主义构成了严重威胁。更值得深思的是，斯特劳森的论证表明，物理主义本身也能得出和二维语义论证类似的结论，即关于现象性质的泛心论方案。

物理主义提出现象概念策略，试图通过对现象概念的分析获得某种方式来解释现象性质，消除反物理主义论证带来的威胁，捍卫经典物理主义的基本立场。而万能论证却使关于现象性质的争论陷入僵局，当万能论证以现象概念之物理性责难其不能解释现象性质认知鸿沟时，物理主义者却以此表明现象概念能够得到物理主义的解释，与物理主义是相容的；当万能论证以现象概念之现象性指责其无法获得物理解释的时候，物理主义者却以此表明现象概念能够解释现象性质。

这就促使物理主义者对自身立场中隐藏的深层次问题进行反思，这些问题主要涉及两个方面。一是亨普尔两难揭示了以物理学为基础来界定物理主义所造成的困境：物理主义要么是琐碎地为真，要么容纳物理主义无法接受的实体。

因此，我们不可能诉诸理想物理学来定义物理属性，也不可能把物理属性看成是那些在物理学中发挥解释功能的属性。二是罗素指责物理解释所关注的仅是关系和倾向性属性，完全不涉及对象的内在本质。换言之，物理学只关心"如何"（how）的问题，而不管"什么"（what）。

这就促使物理主义一边寻找随附性的替代方案，一边试图重新界定什么是"物理的"。前者即使成功也不过是对关系的重新描述，就算能够避免一些反物理主义的批评，也无法回避对于物理主义自身遭遇的难题；后者涉及物理主义自身立场的修正，特别是将现象性质作为本质的东西强行纳入到物理中来，这一做法实际上丝毫没有减轻物理主义的负担。如何协调两种完全不同的物理属性与如何平衡物理属性与现象属性这两个问题归根结底无非是措辞上不同而已。

而更为严峻的问题是，物理主义者这样做会使自己面临泛（元）心论同样的组合问题。也就是说，微观的本质的东西本身还不是现象性的，如何能够通过某种方式组合成有现象性质伴随的有意识的经验。无论这种微观本质本身是物理的还是非物理的，组合问题都存在，除非抛弃微观构成性的基本假定，这一假定仍然是参照物理实体的构成方式，源于我们的常识物理直觉。或许这根本就是一件无需进一步解释也不可能存在进一步解释的事情，我们对此应该保持沉默，采取类似寂静主义的立场。又或者我们应该抛弃关于本质的假定，而采取副现象的策略。

副现象论的解决方案有惊人的简单性和直接性，能够很好地保留物理主义，同时又承认意识的现象特征。副现象论饱受诟病的最大原因在于它无法容纳心理因果性，但与组合性问题相比，这一问题实际上并非想象的那样不可接受。心理因果性很可能只是民心理学的幻觉，因为神经系统中的信息传输速度的确比意识到的要快，这表明心理状态的确有可能仅是一种附随现象。虽然副现象论的确与我们的常识和知觉相冲突，但拒斥副现象论不能仅凭日常直觉和常识。

无论如何，对于现象性质的详细考察是我们解开意识奥秘的一把钥匙，任何成功的意识理论都必须包含对现象性质的合理解释。通过现象性质，物理主义和反物理主义的各种争论交织在一起，当然这些论证的共同前提是假定了物理的东西与现象的东西之间的根本不同。

参考文献

波普尔.2005.客观知识：一个进化论的研究.舒炜光等译.上海：上海译文出版社.
曹向阳.2003.当代意识科学导论.南京：东南大学出版社.
陈波.1998.奎因哲学研究——从逻辑和语言的观点看.北京：生活·读书·新知三联书店.
陈嘉明.2005.实在、心灵与信念——当代美国哲学概论.北京：人民出版社.
陈江进，郭谈.2003.心身问题解决的新尝试：机器功能主义.自然辩证法通讯,25（4）：28-33.
陈思.2013.感受质问题国内研究现状.科教导刊,（26）：204-206.
陈魏，丁峻.2008.感受性问题与当代心身关系功能主义的批判.徐州师范大学学报（哲学社会科学版),34（2）：129-132.
陈晓平.2006.从心一身问题看功能主义的困境.自然辩证法研究.22（12）：17-21.
陈晓平.2010."随附性"概念辨析.哲学研究,（4）：71-79.
陈晓平.2010."随附性"概念及其哲学意蕴.科学技术哲学研究,27（4）：1-8.
陈晓平.2011.下向因果与感受性——兼评金在权的心-身理论.现代哲学,（1）：67-73.
程炼.2008.杰克逊的"知识论证"错在何处？哲学研究,（4）：86-92.
戴潘.2010.民间心理学的实在论与反实在论之争.科学技术哲学研究,27（1）：57-61.
丹尼特.2008.意识的解释.苏德超等译.北京：北京理工大学出版社.
丹尼特.2010.心灵种种.罗军译.上海：上海世纪出版集团.
笛卡儿.1986.第一哲学沉思集.庞景仁译.北京：商务印书馆.
笛卡儿.2000.谈谈方法.王太庆译.北京：商务印书馆.
丁峻.2003.身心关系与进化动力论.合肥：中国科学技术大学出版社.
费多益.2009.感受质及其研究进展.哲学动态,（1）：77-81.
高新民.1996.现代西方心灵哲学.武汉：武汉出版社.
高新民.1998.随附性：当代西方心灵哲学的新"范式".华中师范大学学报（人文社会科学版),（5）：1-8.

高新民.1999.心理世界的"新大陆"——当代西方心灵哲学围绕感受性质的争论及其思考.自然辩证法通讯,(5):7-13.

高新民.2005.解释与解构:丹尼特的心灵哲学及其意义.天津社会科学,(3):38-42.

高新民.2009.感受性质:新二元论的一个堡垒.甘肃社会科学,(5):34-39.

高新民,储昭华.2002.心灵哲学.北京:商务印书馆.

高新民,刘占锋,等.2005.心灵的解构.北京:中国社会科学出版社.

高新民,吴胜峰.2004.解释理论:解构二元论的有价值的尝试.广西社会科学,(2):28-32.

哥德弗雷·史密斯.2001.心在自然中的位置.田平译.长沙:湖南科学技术出版社.

郭贵春,成素梅.2008.科学哲学新进展.北京:科学出版社.

哈特费尔德.2007.笛卡儿与《第一哲学的沉思》.尚建新译.桂林:广西师范大学出版社.

韩宝华,郭广.2012.为物理主义辩护——对保罗·M.丘奇兰德反驳知识论证的解读.武汉科技大学学报(社会科学版),14(6):637-640.

郝刘祥.2013.物理主义是最可能的形而上学吗?自然辩证法通讯,(3):13-19.

何静.2013.玛丽的物理知识与知识论证.山东大学学报(哲学社会科学版),(5):139-145.

黄正华.2007.心的科学认识何以可能?——从功能主义看心身问题.自然辩证法研究,23(3):27-39.

霍涌泉.2006.意识心理学.上海:上海教育出版社.

霍涌泉,张洪英.2008.当前意识问题研究的主要论争及其意义.社会科学评论,(3):44-49.

江怡.2004.当今美国实在论的自然主义和实用主义倾向.厦门大学学报(哲学社会科学版),(6):13-20.

江怡.2009.感受质与知识的表达.社会科学战线,(9):28-34.

江怡.2009-9-7.意识、感受质与反物理主义.光明日报,第1版.

卡尔纳普.1962.哲学和逻辑句法.傅季重译.上海:上海人民出版社.

卡尔纳普.1985.卡尔纳普思想自述.陈晓山,涂敏译.上海:上海译文出版社.

克里克.1998.惊人的假说.汪云九等译.长沙:湖南科学技术出版社.

克里普克.1998.命名与必然性.梅文译.上海:上海译文出版社.

蒯因.1987.从逻辑的观点看.江天骥等译.上海:上海译文出版社.

蒯因.2005.语词和对象.陈启伟等译.北京:中国人民大学出版社.

黄益民.2006.当前心灵哲学中的核心课题.世界哲学,(5):3-15.

黄益民.2006.心灵哲学中反物理主义主要论证编译评注.世界哲学,(5):16-22.

黄益民.2006.知识论证与物理主义.社会科学战线,(5):8-13.

黄益民.2007.二维语义学及其认知内涵.哲学动态,(3):52-58.

黄益民.2007.可想象性论证与后天必然性.云南大学学报,(2):40-47.

黄益民.2009.现象概念与物理主义.学术月刊,(4):40-47.

黄益民. 2009. 意识的认知理论——评丹尼尔·斯图嘉的新著《无知与想象》. 哲学动态, (5)：59-63.

黄益民. 2012. 二维语义学与反物理主义. 哲学研究, (12)：56-63.

莱布尼茨. 2007. 神义论. 朱雁冰译, 北京：生活·读书·新知三联书店.

赖尔. 1992. 心的概念. 徐大建译. 北京：商务印书馆.

李恒威, 王小潞, 唐孝威. 2008. 表征、感受性和言语思维. 浙江大学学报（人文社会科学版）, 38（5）：26-33.

李恒威, 于爽. 2004. 意识的"难问题"及其解释进路. 自然辩证法研究, 20（12）：18-22.

李恒威. 2006. 意识经验的感受性和涌现. 中共浙江省委党校学报, 22（1）：94-100.

李麒麟. 2005. 休谟在其因果原则论证当中的"可设想性原则"//《外国哲学》第十八辑. 北京：商务印书馆：180-190.

里奇拉克. 1994. 发现自由意志和个人责任. 许泽民等译. 贵阳：贵州人民出版社.

理查德·罗蒂. 2003. 哲学和自然之镜. 李幼蒸译. 北京：商务印书馆.

理查德·罗蒂. 2003. 真理与进步. 杨玉成译. 北京：华夏出版社.

梁晓磊, 陈丽, 刘占峰. 2010. "感受性是哲学家的词藻"——丹尼特取消感受性的激立场探析. 海军工程大学学报（综合版）, 7（3）：75-79.

刘高岑. 2005. 当代心智哲学的演变及其意向性理论. 齐鲁学刊, (2)：116-120.

刘高岑. 2005. 心理意向：实在的还是工具的——当代心智哲学关于心理意向性的两种代表性理论. 哲学动态, (11)：30-35.

刘景钊. 2005. 意向性：心智关指世界的能力. 北京：中国社会科学出版社.

刘玲. 2009. 知识论证和 Frank Jackson 的表征主义回应策略. 自然辩证法通讯, 31（6）：1-6.

刘玲. 2011. 物理主义应当如何回应知识论证. 哲学研究, (10)：86-93.

刘玲. 2012. B 类物理主义. 重庆理工大学学报（社会科学版）, 26（7）：76-81.

刘玲. 2012. 知识论证与丹尼特的辩护. 合肥师范学院学报, 30（4）：62-65.

刘玲. 2013. "感受质"概念溯源. 自然辩证法通讯, 35（3）：60-63.

刘玲. 2013. 感受质问题前史. 科学技术哲学研究, (4)：50-54.

刘明海, 高新民. 2010. 心灵如何存在于物理世界中——金在权的还原物理主义及其争论. 福建论坛（人文社会科学版）, 17（12）：39-44.

刘西瑞, 王汉琦. 2001. 人工智能与意向性问题. 自然辩证法研究, (12)：5-9.

刘晓青. 2012. 意识"难问题"的本质及其深层次问题研究. 自然辩证法研究, (8)：22-26.

刘毅. 2005. 从维氏的私人语言论证看感受性质的特征. 兰州学刊, (6)：76-77.

刘占峰. 2011. 解释与心灵的本质. 北京：中国社会科学出版社.

罗杰·彭罗斯. 1996. 皇帝新脑. 许明贤等译. 长沙：湖南科学技术出版社.

罗姆·哈瑞.2006.认知科学哲学导论.魏屹东译.上海:上海科技教育出版社.

玛格丽特·博登.2001.人工智能哲学.刘西瑞等译.上海:上海译文出版社.

彭孟尧.2006.人心难测:心与认知的哲学问题.北京:生活·读书·新知三联书店.

普特南.2005.理性、真理和历史.童世骏,李光程译.上海:上海译文出版社.

任晓明,李旭燕.2006.当代美国心灵哲学研究述评.哲学动态,(5):46-52.

萨伽德.1999.认知科学导论.朱菁译.合肥:中国科学技术大学出版社.

苏珊·布莱克摩尔.2001.谜米机器.高申春译.长春:吉林人民出版社.

唐孝威.2004.意识论——意识问题的自然科学研究.北京:高等教育出版社.

田平.1998.评斯蒂奇对丹尼特意向系统理论的批评.北京航空航天大学学报(社会科学版),(2):12-16.

田平.1998.信息、功能与意向性——论德莱斯基自然主义的意向性理论.北京航空航天大学社会科学学报,(1):18-26.

田平.2003.物理主义框架中的心和"心的理论"——当代心灵哲学本体和理论层次研究述评.厦门大学学报(哲学社会科学版),(6):22-29.

汪云九等.2003.意识与大脑——多学科研究及其意义.北京:人民出版社.

王华平.2011.心灵哲学中的意识与意向性.学术月刊,(3):49-58.

王球.2010.如何消解新版心脑同一论的结构性难题.哲学研究,(10):86-93.

王球.2011.现象概念与物理主义:打破二元论的谜咒.浙江大学博士学位论文.

王球.2012.万能论证不万能.哲学研究,(10):71-77.

王姝彦.2010."可表达"与"可交流"——解读"感受质"问题的一种可能路径.哲学研究,(10):94-99.

王晓阳,王雨程.2013.无律则一元论再思考——关于心身殊型同一论与心身随附性的一个新看法.自然辩证法通讯,35(3):51-59.

王晓阳.2010.当代意识研究中的主要困难及其可能出路.自然辩证法通讯,(1):8-16.

王晓阳.2010.论现象概念——解析当前物理主义与反物理主义争论的一个焦点.逻辑学研究,3(3):91-109.

王晓阳.2011.如何应对"知识论证"——一种温和物理主义观点.哲学动态.(5):85-91.

王晓阳.2012.如何解释"解释鸿沟"?——一种最小物理主义方案.自然辩证法研究,(6):9-14.

威尔逊.2000.MIT认知科学百科全书.上海:上海外语教育出版社.

维特根斯坦.2003.维特根斯坦全集第九卷《心理学哲学评论》.涂纪亮译.石家庄:河北教育出版社.

魏屹东.2008.认知科学哲学问题研究.北京:科学出版社.

吴彩强.2006.普特南的功能主义及其困难.哲学动态.(12):48-51.

吴小华. 2004. 感受性质是非物质的属性吗?——杰克逊的反物理主义及其批评. 广西社会科学, (2): 46-49.

吴小华, 王恒亮. 2003. 杰克逊的知识论证及其批判, (12): 43-45.

休谟. 1980. 人性论. 关文运译. 北京: 商务印书馆.

徐盛桓, 陈香兰. 2010. 感受质与感受意. 现代外语. (4): 331-338.

徐英瑾. 2012. 丹尼特的"异类现象学"——新实用主义谱系中一个被忽略的环节. 世界哲学, (5): 131-141.

殷筱. 2011. 心灵哲学中物理主义理论在语言向度上的螺旋式发展. 哲学研究. (7): 92-96.

郁锋. 2006. 无律则一元论与随附性论题——戴维森论心物关系. 自然辩证法研究, 22 (10): 42-45.

约翰·C·埃尔克斯. 2004. 脑的进化. 潘涨译. 上海: 上海科技教育出版社.

约翰·布罗克曼. 2003. 第三种文化. 吕芳译. 海口: 海南出版社.

约翰·海尔. 2005. 当代心灵哲学导论. 高新民等译. 北京: 中国人民大学出版社.

约翰·塞尔. 1991. 心、脑与科学. 杨音莱译. 上海: 上海译文出版社.

约翰·塞尔. 2005. 心灵的在发现. 王巍译. 北京: 中国人民大学出版社.

约翰·塞尔. 2005. 自由与神经生物学. 刘敏译. 北京: 中国人民大学出版社.

约翰·塞尔. 2006. 心灵、语言与社会. 李步楼译. 上海: 上海译文出版社.

约翰·塞尔. 2008. 心灵导论. 徐英瑾译. 上海: 上海人民出版社.

约翰·塞尔. 2009. 意识的奥秘. 刘叶涛译. 南京: 南京大学出版社.

泽农·派利夏恩. 2007. 计算与认知. 任晓明等译. 北京: 中国人民大学出版社.

张志林. 2013. 物理主义是形而上学吗? 自然辩证法通讯, 35 (3): 7-12.

赵梦媛. 2011. 随附性/排除论证的限度. 自然辩证法研究, (7): 7-12.

曾向阳. 2010. 意识科学中的研究纲领及其方法论探析. 广东社会科学, (6): 48-55.

周晓亮. 2008. 试论西方心灵哲学中的"感受性问题". 黑龙江社会科学, (6): 24-29.

朱建平. 2011. 论心智哲学中现象概念与心理概念的联系和区别. 山东理工大学学报(社会科学版). (6): 53-57.

朱菁, 卢耀俊. 2013. 从唯物主义到物理主义. 自然辩证法通讯, 35 (3): 1-6.

邹顺宏. 2007. 物理主义: 从方法到理论. 自然辩证法研究, 23 (12): 37-43.

Akins K. 1993. A bat without qualities//Davies M, Humphreys. G. Consciousness: Psychological and Philosophical Essays. Oxford: Blackwell: 345-358.

Alexander S. 1920. Space, Time, and Deity: The Gifford Lectures at Glasgow, 1916-1918. London: Macmillan & Co.

Anderson J. 1983. The Architecture of Cognition. Cambridge: Harvard University Press.

Armstrong D. 1968. A Materialist Theory of Mind. London: Routledge and Kegan Paul.

Armstrong D. 1981. What is consciousness//Heil J. The Nature of Mind. Ithaca: Cornell University Press.

Ayer A J. 1959. Logical Positivism. New York: The Free Press.

Baars B. 1988. A Cognitive Theory of Consciousness. Cambridge: Cambridge University Press.

Bailey A. 2006. Zombies, epiphenomenalism, and physicalist theories of consciousness. Canadian Journal of Philosophy, 36: 481-509.

Balog K. 1999. Conceivability, possibility, and the mind-body problem. Philosophical Review, 108: 497-528.

Bayne T, Montague M. 2012. Cognitive Phenomenology. Oxford: Oxford University Press.

Bayne T. 2010. The Unity of Consciousness. Oxford: Oxford University Press.

Beckermann A, Flohr H, Kim J. 1992. Emergence or Reduction?: Prospects for Nonreductive Physicalism. Berlin, New York: De Gruyter.

Bennett K. 2003. Why the exclusion problem seems intractable and how, just maybe, to tract it. Noûs, 37 (3): 471-497.

Block N, Stalnaker R. 1999. Conceptual analysis, dualism, and the explanatory gap. Philosophical Review, 108 (1): 1-46.

Block N. 1980a. Troubles with functionalism//Block N. Readings in the Philosophy of Psychology. vol. 1. Cambridge: Harvard University Press: 268-305.

Block N. 1980b. Are absent qualia impossible? Philosophical Review, 89 (2): 257-274.

Block N. 1981. Psychologism and behaviorism. Philosophical Review, 90: 5-43.

Block N. 1990. Inverted earth. Philosophical Perspectives, 1990, 4: 53-79.

Block N. 1994. What is Dennett's theory a theory of? Philosophical Topics, 22 (1-2): 23-40.

Block N. 1995. On a confusion about the function of consciousness. Behavioral and Brain Sciences, 18: 227-247.

Block N. 1996. Mental paint and mental latex. Philosophical Lssues, 1996, 7: 19-49.

Block N. 2000. Mental paint// Hahn M, Ramberg B. Reflections and Replies: Essays on the Philosophy of Tyler Burge. Cambridge: the MIT Press: 165-200.

Block N. 2007. Consciousness, accessibility and the mesh between psychology and neuroscience. Behavioral and Brain Sciences, 30: 481-548.

Boyd R. 1980. Materialism without reductionism: What physicalism does not entail//Block N. Readings in the Philosophy of Psychology. vol 1. Cambridge: Harvard University Press: 76-106.

Braddon-Mitchell D, Jackson F. 1996. Philosophy of Mind and Cognition. Oxford: Blackwell.

Broad C D. 1925. The Mind and Its Place in Nature. London: Routledge and Kegan Paul.

Byrne A. 1993. The Emergent Mind. Ph.D. Dissertation, Philosophy Department, Princeton

University.

Byrne A. 1997. Some like it HOT: Consciousness and higher-order thoughts. Philosophical Studies, 2: 103-129.

Byrne A. 1999. Cosmic hermeneutics. Noûs, 1999, 33 (Supplement): 347-383.

Byrne A. 2001. Intentionalism defended. Philosophical Review, 110: 199-240.

Campbell J. 1994. Past, Space, and Self. Cambridge: the MIT Press.

Campbell K. 1970. Body and Mind. New York: Doubleday.

Carnap R. 1935. Philosophy and Logical Syntax. London: Kegan Paul, Trench, Trubner, & Co.

Carnap R. 1959. Psychology in physical language//Ayer A J. Logical Positivism. New York: The Free Press: 165-198.

Carruthers P, Veillet B. 2011. The case against cognitive phenomenology//Bayne T, Montague M. Cognitive Phenomenology. Oxford: Oxford University Press: 35-56.

Carruthers P. 2000. Phenomenal Consciousness. Cambridge: Cambridge University Press.

Chalmers D, Jackson F. 2001. Conceptual analysis and reductive explanation. Philosophical Review, 110 (3): 315-360.

Chalmers D. 1995. Facing up to the problem of consciousness. Journal of Consciousness Studies, 2: 200-219.

Chalmers D. 1996. The Conscious Mind. New York: Oxford University Press.

Chalmers D. 1999. Materialism and the metaphysics of modality. Philosophy and Phenomenological Research, 59: 473-493.

Chalmers D. 2002a. Philosophy of Mind: Contemporary and Classical Readings. New York: Oxford University Press.

Chalmers D. 2002b. Does conceivability entail possibility//Gendler T, Hawthorne J. Conceivability and Possibility. Oxford: Oxford University Press: 145-200.

Chalmers D. 2003a. Consciousness and its place in nature//Stich S P, Warfield T A. Blackwell Guide to the Philosophy of Mind. Oxford: Blackwell: 102-142.

Chalmers D. 2003b. The content and epistemology of phenomenal belief//Jokic A, Smith Q. Consciousness: New Philosophical Perspectives. Oxford: Oxford University Press: 220-272.

Chalmers D. 2004. The representational character of experience//Leiter B. The Future for Philosophy. Oxford: Oxford University Press: 153-181.

Chalmers D. 2005. Phenomenal concepts and the explanatory gap//Alter T, Walter W. Phenomenal Concepts and Phenomenal Knowledge: New Essays on Consciousness and Physicalism. Oxford: Oxford University Press: 167-194.

Chalmers D. 2010. The Character of Consciousness. Oxford: Oxford University Press.

Chomsky N. 1966. Cartesian Linguistics: A Chapter in the History of Rationalist Thought. Cambridge: Cambridge University Press.

Chomsky N. 1995. Language and nature. Mind, 104（413）: 1-61.

Chomsky N. 2000. New Horizons in the Study of Language and Mind. Cambridge: Cambridge University Press.

Churchland P M. 1995. The Engine of Reason and Seat of the Soul. Cambridge: the MIT Press.

Churchland P S. 1981. On the alleged backwards referral of experiences and its relevance to the mind body problem. Philosophy of Science, 48: 165-181.

Churchland P S. 1996. The rediscovery of light. Journal of Philosophy, 93: 211-228.

Churchland P. 1985. Reduction, qualia, and direct introspection of brain states. Journal of Philosophy, 82: 8-28.

Churchland P. 1989. Knowing qualia: A reply to Jackson//Churchland P. A Neurocomputational Perspective. Cambridge: the MIT Press: 67-76.

Churchland P. S. 1983. Consciousness: The transmutation of a concept. Pacific Philosophical Quarterly, 64: 80-95.

Clark A. 1993. Sensory Qualities. Oxford: Oxford University Press.

Cleeremans A. 2003. The Unity of Consciousness: Binding, Integration and Dissociation. Oxford: Oxford University Press.

Crane T, Mellor D H. 1990. There is no question of physicalism. Mind, 99: 185-206.

Crick F H. 1994. The Astonishing Hypothesis: The Scientific Search for the Soul. New York: Scribners.

Daly C. 1997. What are physical properties? Pacific Philosophical Quarterly, 79（3）: 196-217.

Damasio A. 1999. The Feeling of What Happens: Body and Emotion in the Making of Consciousness. New York: Harcourt.

Davidson D. 1970. Mental events//Davidson D. Essays on Actions and Events. Oxford: Oxford University Press: 207-223.

Davidson D. 1980. Essays on actions and events. Oxford: Clarendon Press.

Davies M, Humphreys G. 1993. Consciousness: Psychological and Philosophical Essays.Oxford: Blackwell.

Dennett D C, Kinsbourne M. 1992b. Time and the observer: The where and when of consciousness in the brain. Behavioral and Brain Sciences, 15: 187-247.

Dennett D C. 1978. Brainstorms. Cambridge: the MIT Press.

Dennett D C. 1984. Elbow Room: The Varieties of Free will Worth Having. Cambridge: the MIT Press.

Dennett D C. 1993. Quining qualia//Goldman A. Readings in Philosophy and Cognitives Seience. Cambridge: the MIT Press, 1993: 381-414.

Dennett D C. 1991. Consciousness Explained. Boston: Little, Brown and Company.

Dennett D C. 2003. Freedom Evolves. New York: Viking.

Descartes R. 1985. Meditations on first philosophy//Cottingham J, Descartes R, Stoothoff R, et al. The Philosophical Writings of Rene Descartes. Cambridge: Cambridge University Press.

Dijksterhuis E J. 1961. The Mechanization of the World-Picture. Oxford: Clarendon.

Dowell J L. 2006. Formulating the thesis of physicalism. Philosophical Studies, 131（1）: 1-23.

Dowell J L. 2006. Physical: Empirical not metaphysical. Philosophical Studies, 131（1）: 25-60.

Dretske F. 1993. Conscious experience. Mind, 102: 263-283.

Dretske F. 1994. Differences that make no difference. Philosophical Topics, 22/1-2: 41-58.

Dretske F. 1995. Naturalizing the Mind. Cambridge: the MIT Press, Bradford Books.

Eccles J, Popper K. 1977. The Self and Its Brain: An Argument for Interactionism. Berlin: Springer.

Edelman G. 1989. The Remembered Present: A Biological Theory of Consciousness. New York: Basic Books.

Farah M. 1990. Visual Agnosia. Cambridge: the MIT Press.

Feigl H. 1958. The "mental" and the "physical"//Feigl H, Scriven M, Maxwell G. Concepts, Theories and the Mind-Body Problem. Minneapolis: University of Minnesota Press: 370-497.

Feigl H. 1967. The "Mental" and the "Physical": The Essay and a Postscript. Minneapolis: University of Minnesota Press.

Feinberg G. 1966. Physics and the thales problem. Journal of Philosophy, 63: 5-16.

Feldman F. 1974. Kripke on the identity theory. Journal of Philosophy, 71: 665-676.

Field H. 1972. Tarski's theory of truth. Journal of Philosophy, 69: 347-375.

Field H. 1992. Physicalism//Earman J. Inference, Explanation and Other Frustrations. Berkeley: University of California Press: 271-292.

Flanagan O. 1992. Consciousness Reconsidered. Cambridge: the MIT Press.

Fodor J A. 1992. A Theory of Content and Other Essays. Cambridge: the MIT Press.

Fodor J. 1974. Special sciences. Synthese, 28: 77-115.

Fodor J. 1983. The Modularity of Mind. Cambridge: the MIT Press.

Foster J. 1982. The Case for Idealism. London: Routledge.

Foster J. 1989. A defense of Dualism//Smythies J, Beloff J. The Case for Dualism. Charlottesville: University of Virginia Press.

Foster J. 1991. The Immaterial Self: A Defence of the Cartesian Dualist Conception of Mind. London: Routledge.

Foster J. 1996. The Immaterial Self: A Defence of the Cartesian Dualist Conception of Mind. London: Routledge.

Gallistel C. 1990. The Organization of Learning. Cambridge: the MIT Press.

Garcia-Carpintero M, Macia J. 2006. Two-Dimensional Semantics: Foundations and Applications. Oxford: Oxford University Press.

Gardiner H. 1985. The Mind's New Science. New York: Basic Books.

Gazzaniga M. 1988. Mind Matters: How Mind and Brain Interact to Create our Conscious Lives. Boston: Houghton Mifflin.

Gazzaniga M. 2011. Who's in Charge? Free Will and the Science of the Brain. New York: Harper Collins.

Geach P. 1957. Mental Acts: Their Content and Their Objects. London: Routledge and Kegan Paul.

Gendler T, Hawthorne J. 2002. Conceivability and Possibility. Oxford: Oxford University Press.

Gennaro R. 1995. Consciousness and Self-consciousness: A Defense of the Higher-Order Thought Theory of Consciousness. Amsterdam and Philadelphia: John Benjamins.

Gennaro R. 2004. Higher-Order Theories of Consciousness. Amsterdam and Philadelphia: John Benjamins.

Gennaro R. 2012. The Consciousness Paradox. Cambridge: the MIT Press.

Gillet C, Loewer B. 2001. Physicalism and Its Discontents. Cambridge: Cambridge University Press.

Guttenplan S. 1994. A Companion to the Philosophy of Mind. Oxford: Blackwell.

Güzeldere G. 1995. Varieties of zombiehood. Journal of Consciousness Studies, (2): 326-327.

Hartshorne C. 1978. Panpsychism: Mind as sole reality. Ultimate Reality and Meaning, 1: 115-129.

Haugeland J. 1983. Weak supervenience. American Philosophical Quarterly, 19: 93-103.

Hawthorne J. 2002. Blocking definitions of materialism. Philosophical Studies, 110 (2): 103-113.

Hellman G, Thompson F. 1975. Physicalism: Ontology, determination and reduction. Journal of Philosophy, 72: 551-564.

Hempel C. 1949. The logical analysis of psychology//Feigl H, Sellars W. Readings in Philosophical Analysis. New York: Appleton-Century-Crofts: 373-384.

Hempel C. 1969. Reduction: Ontological and linguistic facets//Morgenbesser S, Suppes P, White M. Philosophy, Science and Method: Essays in Honor of Ernest Nagel. New York: St Martin's Press.

Hempel C. 1980. Comments on goodman's ways of worldmaking. Synthese, 45: 139-199.

Hill C, McLaughlin B. 1998. There are fewer things in reality than are dreamt of in chalmers' philosophy. Philosophy and Phenomenological Research, 59 (2): 445-454.

Hill C. 1997. Imaginability, conceivability, possibility, and the mind-body problem. Philosophical Studies, 87: 61-85.

Horgan T, Tienson J. 2002. The intentionality of phenomenology and the phenomenology of intentionality//Chalmers D. Philosophy of Mind: Classical and Contemporary Readings. New York: Oxford University Press: 520-533.

Horgan T. 1983. Supervenience and microphysics. Pacific Philosophical Quarterly, 63: 29-43.

Horgan T. 1984. Jackson on physical information and qualia. Philosophical Quarterly, 34: 147-183.

Horgan T. 1993. From supervenience to superdupervenience: Meeting the demands of a material world. Mind, 102 (408): 555-586.

Horwich P. 2000. Meaning. Oxford: Oxford University Press.

Hurley S. 1998. Consciousness in Action. Cambridge: Harvard University Press.

Huxley T. 1866. Lessons in Elementary Physiology. London: Macmillan.

Huxley T. 1874. On the hypothesis that animals are automata, and its history. Fortnightly Review, 95: 555-580.

Huxley T. 1888. Science and Culture, and Other Essays. London: Macmillan.

Hyslop A. 1999. Methodological epiphenomenalism. Australasian Journal of Philosophy, 78 (1): 61-70.

Jackson F, Pettit P. 1992. In defense of explanatory ecumenism. Economics and Philosophy, 8: 1-21.

Jackson F. 1982. Epiphenomenal qualia. Philosophical Quarterly, 32: 127-136.

Jackson F. 1986. What mary didn't know. Journal of Philosophy, 83: 291-295.

Jackson F. 1993. Armchair metaphysics//Hawthorne J, Michael M. Philosophy in Mind. Amsterdam: Kluwer.

Jackson F. 1998a. Postscript on qualia//Jackson F. Mind, Method and Conditionals. London: Routledge.

Jackson F. 1998b. From Metaphysics to Ethics: A Defense of Conceptual Analysis. Oxford: Clarendon.

Jackson F. 2004. Mind and illusion//Ludlow P, Nagasawa Y, Stoljar D. There's Something about Mary: Essays on Phenomenal Consciousness and Frank Jackson's Knowledge Argument. Cambridge: the MIT Press, 2004: 421-442.

James W. 1890. The Principles of Psychology. New York: Henry Holt and Company.

Jokic A, Smith Q. 2003. Consciousness: New Philosophical Perspectives. Oxford: Oxford University Press.

Kim J. 1993. Mind and Supervenience. Cambridge: Cambridge University Press.

Kim J. 1998. Mind in a Physical World. Cambridge: Cambridge University Press.

Kim J. 2005. Physicalism, or Something near Enough. Princeton: Princeton University Press.

Kirk R. 1974a. Zombies vs materialists. Proceedings of the Aristotelian Society, 48: 135-152.

Kirk R. 1974b. Sentience and behaviour. Mind, 83（329）: 44-45.

Kirk R. 1991. Why shouldn't we be able to solve the mind-body problem? Analysis, 51: 17-23.

Kirk R. 2005. Zombies and Consciousness. New York: Oxford University Press.

Koch C. 2012. Consciousness: Confessions of a Romantic Reductionist. Cambridge: the MIT Press.

Koons R C, Bealer G. 2010. Neural Correslates of Consciousness. New York: Oxford University Press.

Kriegel U, Williford K. 2006. Self Representational Approaches to Consciousness. Cambridge: the MIT Press.

Kriegel U. 2009. Subjective Consciousness. Oxford: Oxford University Press.

Kripke S. 1980. Naming and Necessity. Cambridge: Harvard University Press.

Kripke S. 1982. Wittgenstein on Rules and Private Language: An Elementary Exposition. Oxford: Basil Blackwell.

Latham N. 2001. Substance physicalism//Gillett C, Loewer B. Physicalism and Its Discontents. Cambridge: Cambridge University Press: 152-171.

Lepore E, Smith B. 2006. The Oxford Handbook of Philosophy of language. Oxford: Oxford University Press.

Levine J. 1983. Materialism and qualia: The explanatory gap. Pacific Philosophical Quarterly, 64: 354-361.

Levine J. 1993. On leaving out what it's like//Davies M, Humphreys G. Consciousness: Psychological and Philosophical Essays. Oxford: Blackwell: 543-557.

Levine J. 1994. Out of the closet: A qualophile confronts qualophobia. Philosophical Topics, 22/1-2: 107-26.

Levine J. 2001. Purple Haze: The Puzzle of Conscious Experience. Cambridge: the MIT Press.

Lewis D. 1966. Percepts and color mosaics in visual experience. Philosophical Review, 75:357-368.

Lewis D. 1970. How to define theoretical terms. Journal of Philosophy, 67: 427-446.

Lewis D. 1972. Psychophysical and theoretical identifications. Australasian Journal of Philosophy, 50: 249-258.

Lewis D. 1983. New work for a theory of universals. Australasian Journal of Philosophy, 61（4）: 343-377.

Lewis D. 1990. What experience teaches//Lycan W, Mind and Cognition: A Reader. Malden: Blackwell Publishing Ltd., 1990: 29-57.

Lewis D. 1994. Reduction of mind//Guttenplan S. A Companion to the Philosophy of Mind. Oxford: Blackwell: 412-431.

Lewis D. 1997. Naming the colours. Australasian Journal of Philosophy, 75: 325-342.

Libet B. 1982. Subjective antedating of a sensory experience and mind-brain theories. Journal of Theoretical Biology, 114: 563-570.

Libet B. 1985. Unconscious cerebral initiative and the role of conscious will in voluntary action. Behavioral and Brain Sciences, 8: 529-566.

Loar B. 1990. Phenomenal states. Philosophical Perspectives, 4: 81-108.

Lockwood M. 1989. Mind, Brain and Quantum. Oxford: Basil Blackwell.

Ludlow P, Nagasawa Y, Stoljar D. 2004. There's something about Mary: Essays on Phenomenal Consciousness and Frank Jackson's Knowledge Argument. Cambridge: the MIT Press.

Lycan W. 1974. Kripke and the materialists. The Journal of Philosophy, 71: 677-689.

Lycan W. 1987. Consciousness. Cambridge: the MIT Press.

Lycan W. 1990. Mind and Cognition: A Reader. Oxford: Blackwell.

Lycan W. 1996. Consciousness and Experience. Cambridge: the MIT Press.

Lycan W. 2004. The superiority of HOP to HOT//Gennaro R. Higher-Order Theories of Consciousness. Amsterdam and Philadelphia: John Benjamins: 93-114.

MacLaughlin B. 1992. The rise and fall of british emergentism//Beckermann A, Flohr H. Emergence or Reduction? Berlin: De Gruyter.

McGinn C. 1989. Can we solve the mind-body problem? Mind, 98: 349-366.

McGinn C. 1991. The Problem of Consciousness. Oxford: Blackwell.

McGinn C. 1995. Consciousness and space//Metzinger T. Conscious Experience. Paderborn: Ferdinand Schöningh.

Melnyk A. 1997. How to keep the 'physical' in physicalism. Journal of Philosophy, 94: 622-637.

Melnyk A. 2003. A Physicalist Manifesto: Thoroughly Modern Materialism. Cambridge: Cambridge University Press.

Metzinger T. 1995. Conscious Experience. Paderborn: Ferdinand Schöningh.

Metzinger T. 2000. Neural Correlates of Consciousness: Empirical and Conceptual Questions. Cambridge: the MIT Press.

Montero B, Papineau D. 2005. A defense of the via negativa argument for physicalism. Analysis, 65（3）: 233-237.

Nagel E. 1961. The Structure of Science. New York: Harcourt, Brace and World.

Nagel T. 1974. What is it like to be a bat? Philosophical Review, 83: 435-456.

Nagel T. 1979. Panpsychism//Nagel T. Mortal Questions. Cambridge: Cambridge University Press：

181-195.

Nagel T. 1983. The View from Nowhere. New York: Oxford University Press.

Neurath O. 1983. Physicalism: The philosophy of the vienna circle//Cohen R S, Neurath M. Philosophical Papers 1913-1946. Dordrecht: D. Reidel Publishing Company: 48-51.

Panksepp J. 1998. Affective Neuroscience. Oxford: Oxford University Press.

Papineau D. 1994. Philosophical Naturalism. Oxford: Blackwell.

Papineau D. 2002. Thinking about Consciousness. Oxford: Oxford University Press.

Peacocke C. 1983. Sense and Content. Oxford: Oxford University Press.

Pearson M P. 1999. The Archeology of Death and Burial. College Station: Texas A&M Press.

Penrose R. 1989. The Emperor's New Mind: Computers, Minds and the Laws of Physics.Oxford: Oxford University Press.

Penrose R. 1994. Shadows of the Mind. Oxford: Oxford University Press.

Perry J. 2001. Knowledge, Possibility, and Consciousness. Cambridge: the MIT Press.

Place U T. 1956. Is consciousness a brain process? British Journal of Psychology, 47(1): 44-50.

Place U T. 1960. Materialism as a scientific hypothesis. Philosophical Review, 69: 101-104.

Poland J. 1994. Physicalism: The Philosophical Foundations. Oxford: Clarendon.

Preston J, Bishop M. 2002. Views into the Chinese Room: New Essays on Searle and Artificial Intelligence. New York: Oxford University Press.

Prinz J. 2012. The Conscious Brain. Oxford: Oxford University Press.

Putnam H, Oppenheim P. 1958. Unity of science as a working hypothesis//Fiegl H, Maxwell G, Scriven M. Minnesota Studies in the Philosophy of Science II. Minneapolis: University of Minnesota Press.

Putnam H. 1963. Brains and behavior//Butler R J. Analytical Philosophy: Second Series. Oxford: Basil Blackwell: 325-341.

Putnam H. 1975. Philosophy and our mental life//Putnam H. Mind, Language and Reality: Philosophical Papers. vol.2. Cambridge: Cambridge University Press: 291-303.

Putnam H. 1990. Realism with a Human Face. Cambridge: Harvard University Press.

Quine W V O. 1953. From a Logical Point of View. Cambridge: Harvard University Press.

Quine W V O. 1960. Word and Object. Cambridge: the MIT. Press.

Quine W V O. 1977. Intensions revisited. Midwest Studies in Philosophy, 2: 5-11.

Robinson D. 1993. Epiphenomenalism, laws, and properties. Philosophical Studies, 69: 1-34.

Robinson H. 1982. Matter and Sense: A Critique of Contemporary Materialism. Cambridge: Cambridge University Press.

Rosenberg G. 2004. A Place for Consciousness: Probing the Deep Structure of the Natural World.

New York: Oxford University Press.

Rosenthal D. 1986. Two concepts of consciousness. Philosophical Studies, 49: 329-359.

Russell B. 1912. On the Notion of Cause. Proceeding of the Aristotelian Society 7: 1-26.

Russell B. 1927. The Analysis of Matter. London: Kegan Paul.

Ryle G. 1949. The Concept of Mind. London: Routledge.

Schiffer S. 1987. Remnants of Meaning. Cambridge: the MIT Press.

Seager W. 1995. Consciousness, information, and panpsychism. Journal of Consciousness Studies, 2: 272-288.

Searle J. 1984. Minds, Brains and Science, Cambridge: Harvard University Press.

Searle J. 1992. The Rediscovery of the Mind. Cambridge: the MIT Press.

Seigel S. 2010. The Contents of Visual Experience. Oxford: Oxford University Press.

Shallice T. 1988. From Neuropsychology to Mental Structure. Cambridge: Cambridge University Press.

Shear J. 1997. Explaining Consciousness: The Hard Problem. Cambridge: the MIT Press.

Shoemaker S. 1975. Functionalism and qualia. Philosophical Studies, 27: 291-315.

Shoemaker S. 1981. Absent qualia are impossible. Philosophical Review, 90: 581-599.

Shoemaker S. 1982. The inverted spectrum. Journal of Philosophy, 79: 357-381.

Shoemaker S. 1990. Qualities and qualia: What's in the mind. Philosophy and Phenomenological Research, 50: 109-131.

Shoemaker S. 1994. Phenomenal character. Noûs, 28: 21-38.

Shoemaker S. 1998. Two cheers for representationalism. Philosophy and Phenomenological Research, 58（3）: 671-678.

Siewert C. 1998. The Significance of Consciousness. Princeton: Princeton University Press.

Smart J. 1978. The content of physicalism. Philosophical Quarterly, 28: 239-241.

Smart J. 1959. Sensations and brain processes. Philosophical Review, 68: 141-156.

Smith M, Stoljar D. 1998. Global response-dependence and noumenal realism. The Monist, 81（1）: 85-111.

Stalnaker R. 1996. Varieties of supervenience. Philosophical Perspectives, 10: 221-241.

Stanley J, Williamson T. 2001. Knowing how. Journal of Philosophy, 98: 411-444.

Steward H. 1996. The Ontology of Mind. Oxford: Clarendon Press.

Stich S P, Warfield T A. 2003. Blackwell Guide to the Philosophy of Mind. Oxford: Blackwell.

Stoljar D. 1996. Nominalism and intentionality. Noûs, 30（2）: 261-281.

Stoljar D. 2000. Physicalism and the necessary a posteriori. Journal of Philosophy, 97（1）: 33-54.

Stoljar D. 2001a. Two conceptions of the physical. Philosophy and Phenomenological Research, 62:

253-281.

Stoljar D. 2001b. The conceivability argument and two conceptions of the physical. Philosophical Perspectives, 15: 393-413.

Strawson G. 1994. Mental Reality. Cambridge: the MIT Press, Bradford Books.

Strawson G. 2005. Real intentionality. Phenomenology and the Cognitive Sciences, 3（3）: 287-313.

Stroud B. 1986. The physical world. Proceedings of the Aristotelian Society, 87: 263-277.

Swinburne R. 1986. The Evolution of the Soul. Oxford: Oxford University Press.

Titchener E. 1901. An Outline of Psychology. New York: Macmillan.

Tye M. 1995. Ten Problems of Consciousness. Cambridge: the MIT Press.

Tye M. 1997. The problem of simple minds: Is there anything it is like to be a honey-bee? Philosophical Studies, 88: 289-317.

Tye M. 2000. Consciousness, Color, and Content. Cambridge: the MIT Press.

Tye M. 2003. A theory of phenomenal concepts. Philosophy, 53: 91-105.

Tye M. 2005. Consciousness and Persons. Cambridge: the MIT Press.

Tye M. 2006. Absent qualia and the mind-body problem. Philosophical Review, 115: 139-168.

Tye M. 2009, Materialism without Phenomenal Concepts: A New Perspective on the Major Puzzles of Consciousness. Cambridge: the MIT Press.

Watson J. 1924. Behaviorism. New York: W. W. Norton.

Wegner D. 2002. The Illusion of Conscious Will. Cambridge: the MIT Press.

Williams B. 1985. Ethics and the Limits of Philosophy. London: Fontana Press.

Wittgenstein L. 1921/1961. Tractatus Logico-Philosophicus. Pears D, McGuinness B（trans.）. London: Routledge and Kegan Paul.

Wundt W. 1897. Outlines of Psychology. Leipzig: W. Engleman.

Yablo S. 1992. Mental causation. The Philosophical Review, 101: 245-280.

Yablo S. 1999. Concepts and consciousness. Philosophy and Phenomenological Research, 59: 455-464.

Yolton R. 1983. Thinking Matter. Minneapolis: University of Minnesota Press.